高等教育建筑类专业规划教材·应用技术型

建筑设计原理

主编　杨龙龙

副主编　唐海艳　李　奇

参编　　朱美燕　何真玲　何　渝　朱美蓉

主审　李平诗

重庆大学出版社

内容提要

本书为"高等教育建筑类专业规划教材·应用技术型"之一。全书共9章,主要内容包括概述、建筑的环境性与设计、建筑的功能性与设计、建筑的文化性与设计、建筑的艺术性与设计、建筑的技术性与设计、建筑的经济性与设计、建筑设计的过程和内容、工业建筑设计等。书中有大量的设计实例,可供应用技术型院校建筑学、城市规划、环艺设计等专业学生学习使用,好懂、易学、管用,对其建筑设计的学习与实践有着重要的指导意义。

图书在版编目(CIP)数据

建筑设计原理/杨龙龙主编.--重庆:重庆大学
出版社,2019.8(2024.8 重印)
高等教育建筑类专业规划教材·应用技术型
ISBN 978-7-5689-1175-7

Ⅰ.①建… Ⅱ.①杨… Ⅲ.①建筑设计—高等学校—
教材 Ⅳ.①TU2

中国版本图书馆 CIP 数据核字(2018)第 130104 号

高等教育建筑类专业规划教材·应用技术型

建筑设计原理

JIANZHU SHEJI YUANLI

主编 杨龙龙
主审 李平诗

责任编辑:王 婷 版式设计:王 婷
责任校对:刘志刚 责任印制:赵 晟

*

重庆大学出版社出版发行
出版人:陈晓阳
社址:重庆市沙坪坝区大学城西路 21 号
邮编:401331
电话:(023)88617190 88617185(中小学)
传真:(023)88617186 88617166
网址:http://www.cqup.com.cn
邮箱:fxk@ cqup.com.cn(营销中心)
全国新华书店经销
重庆正文印务有限公司印刷

*

开本:787mm×1092mm 1/16 印张:14.5 字数:355 千
2019 年 8 月第 1 版 2024 年 8 月第 3 次印刷
ISBN 978-7-5689-1175-7 定价:39.00 元

前　言

　　本教材着重阐述一般民用建筑设计的基本原理，以为后续的建筑设计的专业课程学习预先打下一个宽厚的理论基础。这些原理取之于古今中外的建筑实践，有着大量成功的设计实例作为佐证，好懂、易学、管用，对建筑设计的学习与实践有着重要的指导意义。

　　本教材满足建筑学、建筑设计技术、城市规划、环艺设计等专业授课为 2 至 4 个学分的教学需要。

　　本教材的教学内容分为了解、熟悉和掌握三个层次，即掌握一般民用建筑的设计原理；熟悉民用建筑设计的过程和方法；了解新的设计理念、大量运用的技术参数和一些成熟的建造技术。教材编写尽量避免人云亦云，重复别人的观点和论述，而是力图以较为新颖的视角和论述，引导初学者较快、较全面地了解建筑与建筑设计。

　　本书由杨龙龙担任主编，唐海艳、李奇担任副主编，由李平诗主审。各章的主要编写人员分工如下：

　　第 1 章：李奇

　　第 2 章：李奇、杨龙龙

　　第 3 章：杨龙龙、何真玲

　　第 4 章：唐海艳、朱美蓉、杨龙龙

　　第 5 章：李奇、丁海燕、杨龙龙

　　第 6 章：杨龙龙、何渝

　　第 7 章：杨龙龙、唐海艳

第8章:李奇、何真玲、杨龙龙

第9章:杨龙龙、李奇

图片收集整理:欧明英

衷心感谢重庆大学出版社建筑分社全体成员对教材的辛苦付出,感谢参与本书编写以及为本书编写提供过帮助的所有朋友!

鉴于编者水平有限,书中难免存在错误和不足之处,恳请读者批评指正!

编　写

2019 年 4 月

目　录

1

概　述

※**本章导读**

通过本章学习,应较全面深刻地理解建筑的本质;了解建筑来自哪里,会去向何方;熟悉建筑的六个重要属性;掌握建筑的六种分类和分级;熟悉建筑的标准化,即建筑模数系列和建筑标准设计等,为以后各门专业课的学习打下基础。

1.1　有关概念

建筑是建筑物和构筑物的统称。一般来说,旨在为人们的生产、生活等提供室内空间与环境的建造物属于建筑物,否则就属于构筑物,例如各种水塔(图1.1、图1.2)就是构筑物。再看廊桥(图1.3)与拱桥(图1.5)的差别,以及埃菲尔铁塔(图1.4)与输电塔(图1.6)的差别,前者属于建筑物,后者属于构筑物,因为后者没有提供空间。有的建造物虽然没有供人使用的空间,但是为满足人们精神需求而建,有艺术风格和文化内涵,也属于建筑物,例如诸多的纪念碑(图1.7)、佛塔(图1.8)、经幢(图1.9)等。美国的自由女神像,全名为"自由女神铜像国家纪念碑",它既是纪念碑,内部又设置有供人观览的空间,这个大型建造物当属建筑物。

建筑物既是艺术创作的作品,也是工程建造的产物,同时还是文化产品和文化载体。通过建筑师、工程师、工程技术人员、管理人员和技术工人等的共同劳动,才能创造出优良的建筑内部空间环境或其他。在平时的交流中,为方便起见,建筑物常被简称作建筑,在本教材里也是如此。如果建造物既不是为人们提供空间,也不是供人们精神文化生活所用,就属于构筑物,例如大多数的普通桥梁(图1.5)、水塔(图1.2)和输电塔(图1.6)等。

图 1.1 科威特的水塔

图 1.2 普通水塔

图 1.3 廊桥

图 1.4 埃菲尔铁塔

图 1.5 河北赵县安济桥

图 1.6 输电塔

图 1.7 人民英雄纪念碑

图 1.8　佛塔　　　　　　　　　　　　　　图 1.9　经幢

　　简单地说,设计就是解决问题,而且是由众多专业的设计师共同完成的。建筑工程设计,就是根据业主的要求,在满足和解决好各种限制因素后提出可行的解决方案。这些限制因素既包括法律法规和政策方面的,也包括自然条件、周边现状等方面的。而建筑设计,一般是指建筑工程设计中由建筑师负责的部分。

1.2　建筑的主要属性

　　建筑具备的主要属性包括建筑功能、建筑艺术、建筑文化、建筑技术、建筑环境和建筑经济。建筑的设计与建造,就是围绕打造好建筑的这些属性而作为的。

1.2.1　建筑的功能性

　　建筑的功能性,是指建筑的设计和建造必须在物质和精神方面满足人的使用要求,这也是人们设计和建造建筑的主要目的。具体包括满足人体活动的尺度要求,满足室内各种陈设与布置要求,满足人的生理要求,符合人的使用过程和特点,满足精神需求等。

1.2.2　建筑的艺术性

　　建筑艺术既是造型艺术,也是空间艺术,是人们改造大自然,建设心目中美好家园的设计建造手段及其创造结果的统称。建筑的艺术性也是人们评价建筑优劣的标准之一,主要体现在创造性、唯一性、审美性和时尚性方面。例如,极具特色的苏州园林(图 1.10)、颐和园(图 1.11)、印度的泰姬玛哈尔陵(图 1.12)、巴黎圣母院(图 1.13)和俄国的伯拉仁内教堂等,都是公认的建筑艺术杰作。

1.2.3　建筑的文化性

　　建筑文化主要体现在建筑的民族性、地域性和传统性方面,是人们的宇宙观、价值追求、生活方式、表达方式、风俗习惯和民族传统等在建筑上的反映。例如中国传统建筑之一的四合院(图 1.14),就融入了中国特有的天人合一、风水、八卦、伦理等文化内涵;紫禁城建筑群,特别体现了中国封建社会的等级观念(图 1.15);游牧和游猎民族的毡包,反映了他们的生活

图 1.10　苏州园林

图 1.11　颐和园万佛阁

图 1.12　印度泰姬玛哈尔陵

图 1.13　法国巴黎圣母院

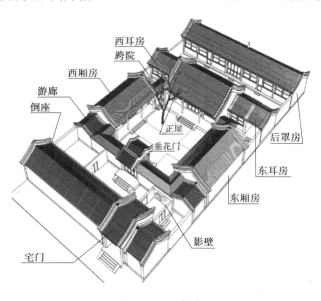

图 1.14　四合院

方式等(图 1.16)。当代中国建筑的设计与建造,通过文化传承方式和借助现代建造技术,产生了诸多的优秀作品,例如贝聿铭设计的香山饭店(图 1.17),以及北京亚运会体育场馆(图 1.18)等。这些作品既实用美观,又别具中国特色。

图 1.15　北京紫禁城

图 1.16　毡包

图 1.17　北京香山饭店

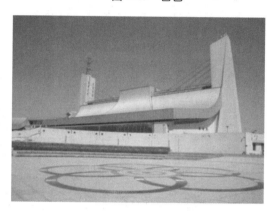

图 1.18　北京亚运会场馆

1.2.4　建筑的技术性

　　建筑技术主要是指建筑材料技术、设备技术、结构技术和施工技术,它们为实现设计与建造的目的提供了可行的手段,并确保建筑的牢固和安全。当代建筑更离不开新的建筑技术的支撑,例如超高层建筑的建造离不开高扬程的混凝土输送泵。图 1.19 为 2016 年中国的第一高楼上海中心大厦,在这个项目中,三一重工的泵送设备以580 m的泵送高度刷新了国内单泵垂直泵送纪录。又如,大跨度建筑离不开膜结构(图 1.20),节能建筑离不开特种玻璃等(图 1.21)。

1.2.5　建筑的环境性

　　建筑环境包括建筑内部环境和外部环境。建筑从大自然中分隔出一个人造的空间,但自身也成为自然环境的组成部分。现代派建筑大师赖特认为,建筑应是"从环境中自然生长出来"的,他设计的流水别墅(图 1.22)实现了这一点。再如中国的石宝寨(图 1.23)、长城(图 1.24)和悬空寺(图 1.25)等,都是先选择环境再让建筑去适应,或先改造环境再建造建筑物,使建筑既受环境的影响,同时也影响环境。

图 1.19　上海中心大厦

图 1.20 哈萨克斯坦"成吉思汗后裔的帐篷"

图 1.21 绿色节能建筑米兰 MAC567

图 1.22 美国流水别墅

图 1.23 忠县石宝寨

图 1.24 长城局部

图 1.25 山西大同恒山悬空寺

图 1.26 北方民居

图 1.27 南方民居

图 1.28 黄土高原的窑洞

各地气候和自然条件的差异,也使得建筑呈现出不同的环境特点,如北方建筑的厚重(图1.26,太原乔家大院)与南方建筑的轻巧(图1.27,贵州千户苗寨),以及因地制宜的建造特点(图1.28,黄土高原的窑洞)。另外,建筑不仅要提供给人们各式的空间,更要为人们提供一个使用安全并有益于身心健康的内部环境。

1.2.6　建筑的经济性

建造建筑必然有大量的人力物力投入,如果把握不当,损失不可估量。历史上不乏将大量人力物力投向错误的方向,或者大兴土木而不加节制,从而导致严重后果的实例,如金字塔、阿房宫、复活节岛、颐和园、悉尼歌剧院等。能以较小的合理的代价与投入,满足人们对建筑的各种需求,这样的建筑作品才是上乘的。

总之,建筑这些属性的优劣与否,是评价建筑设计与建造优劣与否的重要标准。正是这些建筑属性的相互制约、相互补充、相互促进,使得建筑不断地推陈出新。不同条件下的建筑设计,对这6个属性的把控是有所不同的,因此,对建筑物的评价应该是辩证的、相对的。

1.2.7　建筑的时代性

建筑是时代的产物,每个时代都有带有其时代特点的建筑形式。建筑是一个时代的写照,是社会经济科技文化的综合反映,新的技术体系、新的思维方式以及新的科学技术,必然带来新的设计观念和思想观念。时代的发展带来文化和技术的发展,建筑的发展则要依靠这些文化与技术,所以建筑的发展离不开时代的发展。时代发展是建筑发展的基础,建筑发展是时代发展的成果与缩影,时代发展所带来的文化与技术的变化都会像烙印一样反映在建筑身上。除此之外,随着信息时代的到来和社会的高速发展,作为建筑使用者、建设者和欣赏者的主体——人的思维也发生了巨大的变化,从世界观到人生观,从价值观到审美修养,这一系列的改变也对建筑创作理念的变化也有着很大的影响。

建筑体现着一个时代的物质和文化发展水平,同时也显示着那个时代的意识形态和美学观念,因此它总是具有时代标记的意义,反映时代的面貌。例如在古埃及的三个不同历史时期,建筑艺术就与当时的社会发展密不可分。在古王国时期(第一时期),其建筑物以举世闻名的金字塔为代表,这是因为当时所使用的材料是石头,而且古埃及人掌握了一定的石料加工、测量与起重等技术。在中王国时期(第二时期),政局上的安定反映在物质的繁荣上,这一时期是被公认为古埃及最富庶的时代之一。全国各地都在破土开工,兴建房子,致使如今的埃及几乎每个城镇都在建筑架构上留下了中王国时期的痕迹。手工业和商业的发展,使该时期出现了具有经济意义的城市。此阶段的主要建筑形式是石窟陵墓,建筑上已采用梁柱结构,可以构造出宽敞的内部空间。而在新王时期(第三时期),频繁的远征和战斗掠夺带来了大量的奴隶和财富,这是古埃及空前绝后的强大时段。此时的建筑形式主要以神庙为代表,制造出威严、神武的气势,其中规模最大的是卡纳克和卢克索的阿蒙神庙。

又如在印度的两次大的变革中,时代的缩影也与其建筑形影不离。在莫卧儿王朝时期,产生了把印度教和伊斯兰教交融的印度—萨拉森文化。在15—19世纪,莫卧儿王朝时期的印度—萨拉森文明,成为印度的主要民族传统,泰姬陵就是这个时期的经典之作,被印度誉为

"瑰宝",在世界文物古迹中,它足以与万里长城、金字塔媲美。

　　建筑的时代特征当然与它的使用功能是分不开的,但除了来自它在当时所实现的功能之外,也来自它所具有独特的风格。比如气势雄伟的万里长城,当时是出于防御外敌的军事功能而修建的,而现在却成了中华民族的标志之一。再如天安门过去是明清两代北京皇城的正门,今天却是伟大祖国的象征。虽然时过境迁,但原有的功能消失之后,其风格依然鲜明,时代所赋予的气息依然生生不息。

　　建筑是一个时代的写照,是社会、经济、科技、文化的综合反映,当今科学技术日新月异,新材料、新结构、新技术、新工艺的应用,赋予建筑的空间跨度、空间高度的品质更大的灵活性。信息网络技术改变了人们的空间观念和工作模式,科学技术带来的变化使建筑创作进入了一个新的时代。当今信息技术已经渗透到社会的每一个角落,知识经济带来社会观念的变化和思维模式的更新,极大地影响着人们的审美观和价值观,多元综合的观念和思维方式将逐渐起到主导的作用。随着信息时代的到来,创造与时俱进的建筑已经成为现代人的普遍要求。建筑要用自己特殊的语言,来表达其所处时代的实质,表现当前时代的科技观念,体现其思想性和审美观。因此,只有把握时代脉搏,融合优秀地域文化的精华,才会使建筑不断创新并向前发展。

1.3　建筑的分类和分级

　　为保证建筑设计与建造的科学性,也为便于围绕这些活动开展交流合作,人们对建筑进行了分类和分级。在我国,有建造规模、耐久性、建筑用途、建筑耐火等级、建筑的层数和高度等方面的分类和分级。分类和分级的主要依据有国家标准《建筑工程分类标准》(GB/T 50841—2013)、《民用建筑设计统一标准》(GB 50352—2019)、《建筑设计防火规范》(GB 50016—2014)等。

1.3.1　按照建造规模分类

　　(1)大量性建筑

　　大量性建筑是指量大面广,与人们生活密切相关的众多建筑,如住宅、学校、商店、写字楼和医院等,见图1.29。

　　(2)大型性建筑

　　大型性建筑是指规模宏大的建筑,如大型办公楼、大型体育馆、大型剧院、大型火车站等。这一类建筑耗资大,不可能大量修建,但在一个国家或一个地区往往具有代表性和标志性,如首都机场候机楼(图1.30)和中央电视台总部大楼(图1.31)。

图1.29　大量性建筑

图 1.30　首都机场候机楼

图 1.31　中央电视台总部大楼

1.3.2　按照建筑的设计使用年限分类

建筑物的使用寿命有赖于结构的牢固程度。设计使用年限是指设计规定的结构或结构构件不需进行大修即可按其预定目的使用的时期,按照《民用建筑设计统一标准》(GB 50352—2019)的规定分为 4 类,详见表 1.1。

表 1.1　建筑设计使用年限

类　别	设计使用年限/年	示　例
1	5	临时性建筑
2	25	易于替换结构构件的建筑
3	50	普通建筑和构筑物
4	100	纪念性建筑和特别重要的建筑

在设计和建造时,建筑的基础和主体结构(墙、柱、梁、板、屋架)、屋面构造、围护结构,以及防水、防腐、抗冻性所用的建筑材料或所采用的防护措施等,应与使用年限相符。在建筑物使用期间,应定期检查和采取防护维修措施,以确保建筑能够达到设计使用年限。

1.3.3　按照用途分类

建筑工程按照用途主要分为民用建筑、工业建筑等。具体如何分类,以《民用建筑设计统一标准》(GB 50352—2019)为准。

1)民用建筑

民用建筑包括居住建筑和公共建筑。

(1)居住建筑

居住建筑是指供人们日常居住生活使用的建筑物,包括一般住宅、高级住宅(别墅)、公寓和集体宿舍等。

(2)公共建筑

公共建筑主要包括:

①办公建筑:是指提供机关、团体和企事业单位办理行政事务和从事各类业务活动的建筑物。

②旅馆酒店建筑:住宿接待行业对外营业的宾馆、度假村、招待所等。

③演出建筑:是指既可以作为音乐、电影等的演出场所,又可以作为集会场所的工程,如剧场、音乐厅、电影院、礼堂、会议中心等。

④展览建筑:是指供人们参观有关展览的建筑工程,如博物馆、展览馆、美术馆、纪念馆等。

⑤商业建筑:百货商场、综合商厦、购物中心、会展中心、超市、菜市场、专业商店等。

⑥交通建筑:机场航站楼、汽车和火车车站的候车室、码头候船室等。

⑦体育建筑:体育馆、体育场、游泳馆、跳水馆等。

⑧医院建筑:医院、疗养院、妇幼保健院等。

⑨其他民用建筑:计算中心、文化宫、少年宫、宗教寺院、居民生活服务用房、殡仪馆、公共厕所、地下建筑等。

2)工业建筑

工业建筑包括工业厂房和工业配套建筑,以及工业附属建筑。

1.3.4 按建造规模分级

依据 2007 年试行的建设部《注册建造师执业工程规模标准(房屋建筑工程)》,建筑工程分为大型、中型、小型,见表 1.2。

表 1.2 建筑规模划分

工程类别	项目名称	单位	规 模			备 注
			大型	中型	小型	
一般房屋建筑工程	工业、民用与公共建筑	层	≥25	5～25	<5	建筑物层数
		m	≥100	15～100	<15	建筑物高度
		m	≥30	15～30	<15	单体跨度
		m²	≥30000	3000～30000	<3000	单体建筑面积
	住宅小区或建筑群体工程	m²	≥100000	3000～100000	<3000	群体建筑面积
	其他一般房屋建筑工程	万元	≥3000	300～3000	<300	单体工程合同额

这种分类的意义在于:建筑的类型不同,依据的相关标准不同,如安全标准、设计收费标准等。

1.3.5 按照高度分类

根据《民用建筑设计统一标准》,建筑分为低层(图 1.32)、多层(图 1.33)、高层和超高层建筑(图 1.34)等。

(1)建筑高度

对于平屋顶建筑,建筑高度是指建筑主要出入口处所在的室外地面至建筑主要屋面的高差。

对于坡屋顶建筑,建筑高度是指地面到屋脊和到檐口的平均高度,如图 1.35 所示。

图 1.32 低层建筑

图 1.33　多层建筑

图 1.34　超高层建筑

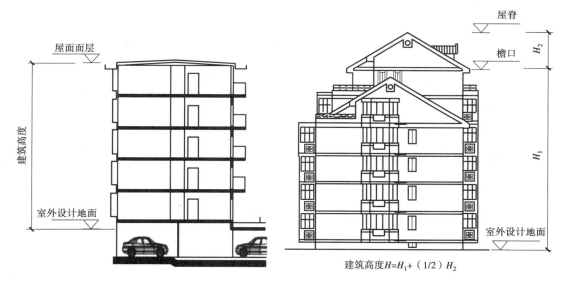

图 1.35　建筑高度示意图

（2）单层和多层建筑

根据《建筑设计防火规范》（GB 50016—2014），不超过 27 m 的住宅和不超过 24 m 的公共建筑，为单层或多层建筑。

（3）高层建筑

高度超过 27 m 的住宅和高度超过 24 m 的公共建筑，为高层建筑。高层建筑又分为一类和二类高层建筑，详见表 1.3。

（4）超高层建筑

现行《民用建筑设计统一标准》中规定：建筑高度大于 100 m 的民用建筑，不论是居住建筑还是公共建筑，都属于超高层建筑。

按高度分类的意义在于，超高层建筑依据的设计标准不同，其主要技术参数（如防火及安全疏散要求等），与其他建筑有较大差别。

表 1.3　民用建筑的分类

名称		高层民用建筑		单、多层民用建筑
		一类	二类	
住宅建筑		建筑高度大于 54 m 的住宅建筑(包括设置商业服务网点的住宅建筑)	建筑高度大于 27 m,但不大于 54 m 的住宅建筑(包括设置商业服务网点的住宅建筑)	建筑高度不大于 27 m 的住宅建筑(包括设置商业服务网点的住宅建筑)
公共建筑		1.建筑高度大于 50 m 的公共建筑; 2.任一楼层建筑面积大于 1000 m² 的商店、展览、电信、邮政、财贸金融建筑和其他多种功能组合的建筑; 3.医疗建筑、重要公共建筑; 4.省级及以上的广播电视和防灾指挥调度建筑、网局级和省级电力调度建筑; 5.藏书超过 100 万册的图书馆、书库	除一类高层公共建筑外的其他高层公共建筑	1.建筑高度大于 24 m 的单层公共建筑; 2.建筑高度不大于 24 m 的其他公共建筑

注:①引自《建筑设计防火规范》(GB 50016—2014)。

②表中未列入的建筑,其类别应根据本表类比确定。

③除规范另有规定外,宿舍、公寓等非住宅类居住建筑的防火要求,应符合规范中有关公共建筑的规定;裙房的防火要求应符合规范中有关高层民用建筑的规定。

1.3.6　按照建筑物的防火性能分级

民用建筑按照耐火等级分为 4 级,详见表1.4。

表 1.4　不同耐火等级建筑的允许建筑高度或层数、防火分区最大允许建筑面积

名　称	耐火等级	允许建筑高度或层数	防火分区的最大允许建筑面积(m²)	备　注
高层民用建筑	一、二级	按《建筑设计防火规范》(GB 50016—2014)第 5.1.1 条确定	1500	对于体育馆、剧场的观众厅,防火分区的最大允许建筑面积可适当增加
单、多层民用建筑	一、二级	按《建筑设计防火规范》(GB 50016—2014)第 5.1.1 条确定	2500	
	三级	5 层	1200	—
	四级	2 层	600	—
地下、半地下建筑(室)	一级	—	500	设备用房的防火分区最大允许建筑面积不应大于 1000 m²

注:①摘自《建筑设计防火规范》(GB 50016—2014)。

②表中规定的防火分区最大允许建筑面积,当建筑内设置自动灭火系统时,可按本表的规定增加 1.0 倍;局部设置时,防火分区的增加面积可按该局部面积的 1.0 倍计算。

③裙房与高层建筑主体之间设置防火墙时,裙房的防火分区可按单层、多层建筑的要求确定。

高层民用建筑的耐火等级,一类高层建筑应为一级,二类高层建筑不低于二级。

这种分类的意义在于:建筑级别不同,相应的标准就不同,主要设计技术参数也就有差别,分级后便于在设计和建造时对应于相关的标准,满足相应的要求。

1.4　建筑工业化和标准化

当今建筑的设计和建造,是由许多不同专业的人员,按照大量相关标准的要求进行的,由众多产业和厂商共同完成的。与设计建造有关的标准,主要有各种设计规范,与室内环境质量有关的标准,与建筑使用安全有关的标准,与构件生产、施工质量有关的标准等。这些标准有助于规范专业人员的工作,提高建筑设计和建造的质量与效率,降低建筑的建造成本。

建筑工业化的基本特征表现在设计标准化、施工机械化、预制工厂化、组织管理科学化四个方面。

1.4.1　建筑模数协调统一标准

模数是一种集约后的度量尺度,这个度量尺度的数值扩展成一个系列就构成了模数系列。统一建筑模数,是使建筑构件尺寸规格化和简化,有利于工业化的生产。例如预制构件只需少数规格型号,就能满足众多建筑的需要。

目前执行的国家标准《建筑模数协调统一标准》(GBJ 2—86),以及《住宅建筑模数协调标准》(GB/T 50100—2001),规范了一个完整的尺度体系,作为确定建筑物、构配件、组合件等大小尺度及位置的依据。

1)建筑的基本模数

建筑的基本模数,定为 100 mm,其符号为 M,即 1M 等于 100 mm。整个建筑物、建筑物的各部分以及建筑组合件的尺寸,应是基本模数的倍数,在此基础上产生导出模数。

按照国家标准规定,水平基本模数为 1M 至 20M 的数列,主要用于门窗洞口和构配件截面等处(图 1.36),超出这个幅度,宜采用导出模数系列。

竖向基本模数为 1M 至 36M 的数列,主要用于建筑物的层高、门窗洞口和构配件截面等处,超出这个幅度,宜采用导出模数系列。

2)导出模数

导出模数是在基本模数上扩展出来的,包括扩大模数和分模数。

(1)扩大模数

水平扩大模数有 6 个基数,即 3M、6M、12M、15M、30M 和 60M,其相应尺寸分别是 300 mm、600 mm、1200 mm、1500 mm、3000 mm 和 6000 mm,主要用于建筑物的开间或柱距、进深或跨度、构配件尺寸和门窗洞口等处,见图 1.37。

水平扩大模数的应用幅度,应符合下列规定:

①3M 数列按 300 mm 进级,其幅度应由 3M 至 75M;

②6M 数列按 600 mm 进级,其幅度应由 6M 至 96M;

门窗表

类型	设计编号	洞口尺寸(mm)	数量		备注
			1F	合计	
普通门	M1021	1000×2100	2	2	夹板门
门连窗	MLC3525	3500×2500	2	2	塑钢双层(6透明+9A+6透明)玻璃窗
普通窗	C2006	2000×600	4	4	灰色铝合金百叶窗

门窗大样图

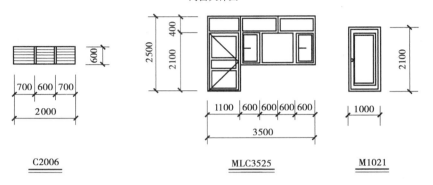

C2006   MLC3525   M1021

图 1.36 基本模数应用举例(以门窗为例)

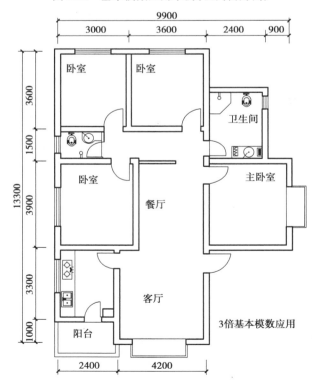

图 1.37 扩大模数的应用举例(以某单元住宅平面为例)

③12M 数列按 1200 mm 进级,其幅度应由 12M 至 120M;

④15M 数列按 1500 mm 进级,其幅度应由 15M 至 120M;

⑤30M 数列按 3000 mm 进级,其幅度应由 30M 至 360M;

⑥60M 数列按 6000 mm 进级,其幅度应由 60M 至 360M 等,必要时幅度不限制。

竖向扩大模数的基数为 3M 和 6M 两个,尺寸各为 300 mm 和 600 mm,主要适用于建筑物的高度、层高、门窗洞口尺寸。

竖向扩大模数的应用幅度,应符合下列规定:

①3M 数列按 300 mm 进级,幅度不限制;

②6M 数列按 600 mm 进级,幅度不限制。

（2）分模数

分模数有 3 个基数,即 1/10M、1/5M 和 1/2M,其相应尺寸分别是 10 mm,20 mm 和 50 mm,主要用于缝隙、构造节点、构配件截面等处,见图 1.38。

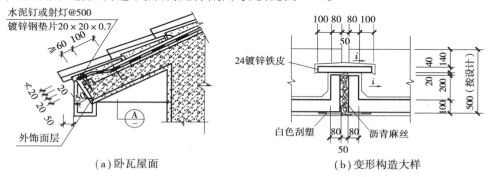

（a）卧瓦屋面　　　　　　　　　（b）变形构造大样

图 1.38　分模数应用举例

分模数的幅度,应符合下列规定:

①1/10M 数列按 10 mm 进级,其幅度应由 1/10M 至 2M;

②1/5M 数列按 20 mm 进级,其幅度应由 1/5M 至 4M;

③1/2M 数列按 50 mm 进级,其幅度应由 1/2M 至 10M。

1.4.2　主要设计依据

建筑工程设计和施工建造的主要依据有国家标准或规范、行业标准或规范、地方条例和规定等。这些标准、条例和规定,有的是强制性的,有的是推荐性的,对于强制性的规定,在建筑设计和施工中必须严格遵循。与建筑设计有关的标准如下:

（1）国家标准

国家标准是指由国家标准化主管机构批准发布的,对全国经济、技术发展有重大意义,且在全国范围内统一的标准。建筑工程设计的国家标准一般是设计规范的形式。建筑工程设计由建筑师、结构工程师和设备工程师等参与,他们必须按照城市规划规范、建筑设计规范、结构设计规范和设备设计规范等国家标准要求,分工合作完成设计任务,并共同对建筑工程设计的质量负责。国家标准系列统一冠以"GB"（强制性标准,设计时必须遵循）或"GB/T"（推荐性标准,设计时最好遵循）字母开头,如《住宅设计规范》（GB 50054—2011）。

国家标准是最基本的标准,其他任何标准的要求只能高于国家标准。

（2）行业标准

行业标准是由我国各主管部、委（局）批准发布的,在该部门范围内统一使用的标准。行业标准对建筑物的质量等有较强的规范性和约束性,如建筑行业的 JG 和 JGJ 系列。JG 主要针对材料或产品质量;JGJ 主要针对设计和施工。具体如《实腹钢纱、门窗检验规则》（JG/T 18—1999）、《建筑施工升降设备设施检验标准》（JGJ 305—2013）等,一些成熟的行业标准后来会升级为国家标准。

（3）政府条例

条例是法的表现形式之一,一般只是对特定社会关系作出的规定。例如国务院 1998 年颁布的《电力设施保护条例》,对建筑与高压线的距离有明确的规定,建筑的设计与建造必须遵循。

（4）地方的相关规定

地方相关规定是地方政府部门根据国家有关法律法规,结合本地的具体情况制定的、在本地范围有效的规定。例如,在重庆市从事建筑设计工作,应当满足《重庆市城市规划管理技术规定》等的要求。

值得强调的是,上述国家和行业标准等,既是最重要、最权威的设计依据,又有着极强的时效性,随着社会的不断进步和工程技术的不断发展,它们也会被不断地丰富、改进和完善。因此,在设计和建造时必须采用最新的版本。

1.4.3 标准设计

标准设计的目的在于提高建筑设计、建筑构件生产和建筑建造的效率,降低成本和保证质量,促进建筑工业化。标准设计图是建筑工程领域重要的通用技术文件。至今,我国共编制了国家建筑标准设计近 2000 项,全国有 90% 的建筑工程采用标准设计图集,标准设计工作量占到设计工作量的近 60%,加上各地区为适应当地特点所作的工作,使得建筑的设计和建造与标准设计产生了密切的联系。

在我国,按照适用范围,标准设计分为以下类型:

①国家建筑标准设计图,如《国家建筑标准设计图集12J304:楼地面建筑构造》（见图 1.39）,以 J 系列为建筑专业设计的分类编号,在全国范围内适用。相关的还有建筑结构、设备等其他专业的标准设计。

②行政大区的建筑标准设计图,是指全国七大地理分区（华东地区、华南地区、华中地区、华

图 1.39 国家标准设计图

北地区、西北地区、西南地区、东北地区）的建筑标准设计图,适用于本地区。例如原西南 J 建筑标准图系列,在西南地区通用。其他如中南地区的 ZJ 建筑标准图系列、华北地区的 BJ 建筑标准图系列等,见图 1.40。

③各省市自编的、适用于本省市的建筑标准设计图,例如原吉林省的吉 J 建筑标准图系列、浙江省的浙 J 建筑标准图系列等。现在各地的图集均以 DBJ 为系列编号,意为地方建筑标准设计图,见图 1.41。

图 1.40　地区标准设计图　　　　图 1.41　各省市标准设计图

　　建筑标准设计图的内容一般以建筑的构造设计为主。标准设计鼓励建筑师和工程师在设计时照搬和引用,以推动建筑设计与建造的工业化和标准化。因此,施工图设计阶段和施工建造时,各有关单位和人员采用标准设计最多。各种建筑标准设计图也是学生在校学习期间的重要参考资料。

　　因为标准设计以国家规范和标准等为重要设计依据,所以也有着较强的时效性。

1.4.4　我国的建筑方针

　　中华人民共和国成立初期,曾提出"适用、经济、在可能条件下注意美观"的建筑方针。改革开放后,建设部总结了以往建设的实践经验,结合我国实际情况,制定了新的建筑技术政策,明确指出建筑业的主要任务是"全面贯彻适用、安全、经济、美观的方针"。

1.5　建筑设计理念的发展与探索

　　当今人们对建筑的欣赏性、环保性、智能化等方面的要求越来越高,因此设计师应该特别重视建筑设计理念的创新。能否大胆地创新,突破世俗的禁锢,决定了一个建筑设计师能否成功,也决定了今后建筑业设计理念的发展。

1.5.1　建筑设计的意义

1)建筑设计与城市的关系

　　建筑设计是微观的,其研究对象是建筑物;而城市规划是对一定时期内城市的经济和社会发展、空间布局以及各项建设的综合部署、具体安排和实施管理,属于宏观的,其研究对象是整个城市和城市所在的区域。城市规划是建筑设计的前提与先导,而建筑设计则是城市规划在空间上的具体落实。从以下几方面可见建筑对城市规划的重要意义:

　　①场地绿化。新建筑物会侵占场地原有的植被,优秀的设计可以改善植被,创造出更有利于人们生活的区域。

　　②交通方面:好的建筑设计会在一定程度上缓解交通拥堵的压力,对环境污染也会起到相应的改善作用。

　　③能源方面。新建筑对水、电、气、暖的需求量加大,同时也加剧了城市污水处理的压力。好的设计能把节能措施作为重要的设计原则,减少能源的消耗。

④文脉。一个具有优秀外观造型的建筑,往往成为一个城市的地标建筑,而恶俗的设计则会让城市文脉消减甚至失去本有的特色。

⑤空间。很棒的空间设计能够吸引人们驻足或者休憩,带给人们美好的内心感受,甚至能引发人们共鸣。一个优秀的社会公共空间,应不仅可以容纳人,更能促进公众活动。

评价建筑与城市规划关系的优劣,以上5条原则是建筑设计在城市规划的空间上最具体的体现。

2)建筑与社会文明的关系

建筑的构筑本身就已经集合了大量的物质资源,同时也凝结了无数人的智慧和劳动。在文明发展史上,许多的历史文化都是伴随着一些标志性建筑而流传下来的。

建筑的建造因其复杂性和长期性,往往会滞后于同期的科学文化发展。但是在思想文化方面,一个具有代表性的建筑往往会凝结某个时代最辉煌的文化艺术成果,甚至会超越自身形象而成为人类精神文明的象征流传千古。虽然建筑不会成为社会经济文化进步发展的先锋,但它却会随着设计人或是使用者思想的变化而变化,最终会形成某个时代的鲜明特征,代表这个时代的成就或衰变。

虽然所有的建筑都改变不了最终湮灭的结局,但其在精神文明上的传承和影响却是长久存在的,建筑设计在文化和哲学上的意义是显而易见的。

3)建筑与人的关系

建筑设计面临的首要问题是功能,功能就是空间的使用者对空间环境的各种需求在建筑上的体现,包括生理上的和心理上的。而有机地、立体三维地思考建筑空间功能,往往能创造出更富有意义的空间环境。

人类大量的活动是在建筑中进行的,所有与人生理有关的问题都需在建筑中得到解决(如呼吸、行走、坐、卧、进食、排泄、取暖、避寒等),这是建筑设计要解决的第一步,也是人为自己创造的空间最原始的功能要求。

其次,作为高等动物的人,有着比其他生物对建筑空间更高的需求,比如人类的羞耻感,以及对空间隐秘性的需求,又如对光线、高度及声音等的需求,建筑设计要考虑这些需求。

最后,需要满足人们的社会性需求和精神文化需求,比如特殊人群对某些特殊空间的特殊需求,这往往跟人们的社会背景、社会地位以及其他某些特殊方面相匹配。

所以,功能所体现的就是人(设计者)在充分考虑自身多种需求,再结合所了解到的人群的特殊需求后,为人(使用者)所创造的相对应的空间环境。人(使用者)就会在这样的环境下进行社会活动,这样的空间的优缺点又会在生理、心理或是文化习惯上影响特定人群。

总之,建筑是为人服务的,人创造了建筑,而建筑又反过来影响人。

1.5.2 建筑设计理念发展与探索

1)绿色可持续

随着节能环保理念的推广,绿色建筑以其节能、低碳、环保的优势,在现代建筑设计中受到人们的重视。"绿色建筑"的"绿色",并不是指一般意义的立体绿化、屋顶花园,而是指建筑对环境无害。绿色建筑就是能充分利用环境自然资源,并且在不破坏环境基本生态平衡条件下建造的一种建筑,也称为可持续发展建筑、生态建筑、回归大自然建筑、节能环保建筑等。绿色建筑设计不仅能够为人们提供舒适、健康的生活空间,同时还能够促进人与自然的和谐相处,是实现建筑行业可持续发展的根本所在。

2)工业装配式

建筑工业化的目的就是要提高劳动生产效率,减少现场施工作业与人员投入,减少环境污染,节约能源和资源,促进建筑行业产业转型与技术升级。工业装配式最大的特点是体现建筑全生命周期的理念,将设计、施工环节一体化,使设计环节成为关键,让设计环节不仅是设计蓝图至施工图的过程,还需要将构配件标准、建造阶段的配套技术、建造规范等都纳入设计方案中,从而使设计方案作为构配件生产标准及施工装配的指导文件。目前,我国的建筑设计与建筑施工技术水平已接近或达到发达国家技术水平。根据建筑技术可持续发展的需要,应积极探索建筑产业现代化发展,其中建筑工业化就是建筑产业现代化发展的一个重要方面。

3)建筑智能化

建筑的智能化是将建筑、通信、计算机网络等先进技术相互融合,将数字化技术融入建筑设计中。随着现代高科技信息技术的普及,建筑的智能化发展已经成为一个不可逆转的趋势。

建筑的环境性与设计

※**本章导读**

建筑与环境是一个相互延伸、相互渗透和相互补充的整体。通过本章学习,应较全面深刻地理解建筑与室内外环境的紧密关系。

2.1　建筑的外部环境

建筑不但需要有一个巍峨、雄伟的外观,还需要有一个优雅而美丽的环境来进行衬托,并与之协调。除内部环境要求外,建筑的设计与建造还受诸多外部环境条件(例如水文、地质、气候等自然环境条件)的制约,还受外部人工环境的限制(即城市规划和场地及周边条件的限制)等。

建筑设计之初,就应从处理好建筑与外部环境的关系,特别是应从场地的关系着手,对建筑、环境及其相互关系进行设计,将其设计成果主要反映在总平面设计图中。

2.2　建筑与外部环境设计

建筑与外部环境设计的主要工作,是依据场地的自然环境条件和人工环境条件,在原有地形上,创造性地布置建筑、改造场地等,以满足各种设计要求。

2.2.1　建筑布局设计

建筑布局重在处理好建筑物或建筑群与场地环境及周边的关系。主要设计依据有《民用建筑设计统一标准》（GB 50352—2019）、《城市居住区规划设计标准》（GB 50180—2018）等。

在建筑红线或用地红线内布置建筑物或建筑群,还应遵循以下要点:

（1）功能分区合理

尽量避免主要建筑受到废气、噪声、光线和视线等干扰,使建筑物之间的关系合理、联系方便。图2.1为某高校总平面功能分区规划。

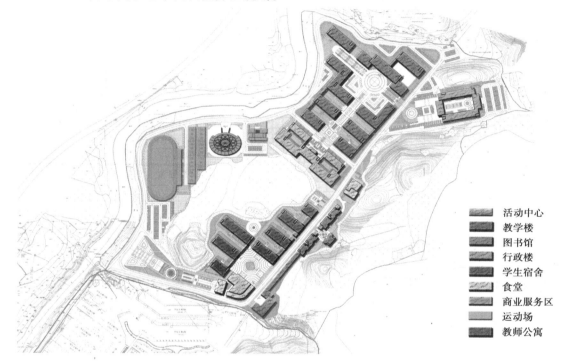

活动中心
教学楼
图书馆
行政楼
学生宿舍
食堂
商业服务区
运动场
教师公寓

图2.1　某高校总平面功能分区规划

（2）主要建筑的位置合理

主要建筑应布置在较好的地形和地基之处,以减少土方量,降低建造成本,并保障使用安全。建筑选址应避开不利的地段,如市政管线、人防工程或地铁、地质异常（溶洞、采空区、古墓）、污染源、高压线、洪水淹没区、地基承载力较弱处,以及建筑抗震要求避开的地段等。

（3）争取好朝向

好朝向能使建筑内部获得好的采光和通风、好的景观和节能效果,避开有污染等不利因素的上风向,见图2.2。我国的大多数建筑采用南北朝向,这样会有好的日照,南方地区在夏季一般有好的通风,但北方地区在冬季需考虑避风（在我国,淮河流域以及秦岭山脉以北地区,属于北方地区）。

（4）满足各种间距要求

间距要求包括日照间距要求和防火间距要求,各

图2.2　来自上风向的污染

种间距详见图 2.3。建筑布置时,新建建筑与其他建筑、规划红线、用地红线、建筑控制线和道路等的距离,应按照要求留足间距。

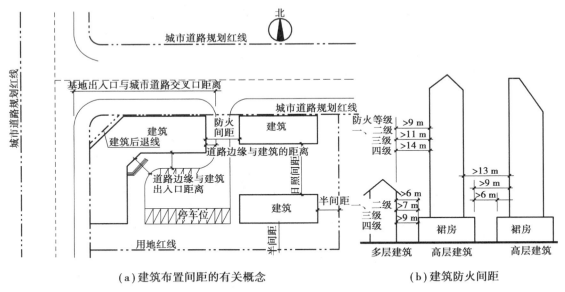

图 2.3　建筑总平面布置应满足的主要间距

①日照间距。建筑内部应能获得足够的采光和日照,才有益人的健康并且节省能源。对此,国家标准有明确规定,主要是为保证北侧建筑的南向底层房间,在大寒日或冬至日(一年中最冷或日照时间最短的一天),获得足够的日照时间,而不会被南侧的建筑所遮挡,详见图2.4 和表 2.1。

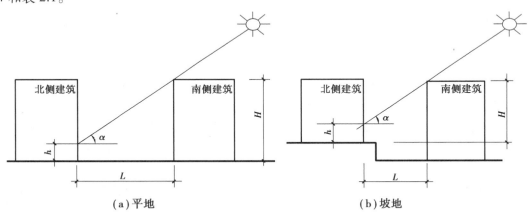

图 2.4　建筑的日照间距

表 2.1　住宅建筑日照标准

建筑气候区划	Ⅰ、Ⅱ、Ⅲ、Ⅶ 气候区		Ⅳ 气候区		V、Ⅵ 气候区
	大城市	中小城市	大城市	中小城市	
日照标准日	大寒日				冬至日

续表

建筑气候区划	Ⅰ、Ⅱ、Ⅲ、Ⅶ 气候区		Ⅳ 气候区		Ⅴ、Ⅵ 气候区
	大城市	中小城市	大城市	中小城市	
日照时数（h）	≥2	≥3			≥1
有效日照时间带（h）	8~16				9~15
日照时间计算起点	底层窗台面				

注:摘自《城市居住区规划设计标准》(GB 50180—2018)。

日照间距 $L=H-h/\tan\alpha$。式中，H 是南侧的建筑高度；h 是北侧建筑南向窗台高度；α 为项目所在地冬至日的太阳高度角。当地冬至日的太阳高度角的简化计算式是 $\alpha=90°-$（当地纬度+北回归线纬度 23°26′）。

②防火间距。设置建筑之间防火间距的目的是避免建筑发生火灾时危及周边其他建筑，详见图 2.3 和表 2.2。

表 2.2　民用建筑之间的防火间距　　　　　　　　　　　　单位:m

建筑类别		高层民用建筑	裙房和其他民用建筑		
		一、二级	一、二级	三级	四级
高层民用建筑	一、二级	13	9	11	14
裙房和其他民用建筑	一、二级	9	6	7	9
	三级	11	7	8	10
	四级	14	9	10	12

注:①摘自《建筑设计防火规范》(GB 50016—2014))。

②相邻两座单、多层建筑,当相邻外墙为不燃性墙体且无外露的可燃性屋檐,每面外墙上无防火保护的门、窗、洞口不正对开设且该门、窗、洞口的面积之和不大于外墙面积的5%时,其防火间距可按本表的规定减少25%。

③两座建筑相邻较高一面外墙为防火墙,或高出相邻较低一座一、二级耐火等级建筑的屋面15 m及以下范围内的外墙为防火墙时,其防火间距不限。

④相邻两座高度相同的一、二级耐火等级建筑中相邻任一侧外墙为防火墙,屋面板的耐火极限不低于1.00 h时,其防火间距不限。

⑤相邻两座建筑中较低一座建筑的耐火等级不低于二级,相邻较低一面外墙为防火墙且屋顶无天窗,屋面板的耐火极限不低于1.00 h时,其防火间距不应小于3.5 m;对于高层建筑,不应小于4 m。

⑥相邻两座建筑中较低一座建筑的耐火等级不低于二级且屋顶无天窗,相邻较高一面外墙高出较低一座建筑的屋面15 m及以下范围内的开口部位设置甲级防火门、窗,或设置符合现行国家标准《自动喷水灭火系统设计规范》(GB 50084—2017)规定的防火分隔水幕。《建筑设计防火规范》(GB 50016—2014)规范第6.5.3条规定,设置防火卷帘时,其防火间距不应小于3.5 m;对于高层建筑,不应小于4 m。

⑦相邻建筑通过连廊、天桥或底部的建筑物等连接时,其间距不应小于本表的规定。

⑧耐火等级低于四级的既有建筑,其耐火等级可按四级确定。

③与用地红线的关系。建筑距离这个红线,不能小于半间距的规定,否则会侵害其他单位的权益。

④建筑与高压线的距离。按照国务院颁布的《电力设施保护条例》(1998)的规定,架空电力线路保护区为:导线边线向外侧水平延伸并垂直于地面所形成的两平行面内的区域。在一般地区各级电压导线的边线延伸距离如下:1~10 kV,5 m;35~110 kV,10 m;154~330 kV,15 m;500 kV,20 m。在此范围内不得兴建建筑物、构筑物。

⑤建筑物与周边道路之间的间距,见表2.3。

表 2.3　道路边缘至建、构筑物最小距离　　　　　　单位:m

建、构筑物的类型 ＼ 道路级别			居住区道路	小区路	组团路及宅前小路
建筑物面向道路	无出入口	高层	5	3	2
		多层	3	3	2
	有出入口		—	5	2.5
建筑物山墙面向道路		高层	4	2	1.5
		多层	2	2	1.5
围墙面向道路			1.5	1.5	1.5

注:①摘自城市居住区规划设计标准(GB 50180—2018)。
　②若干居住组团组成居住小区;若干居住小区组成居住区;若干居住区组成一个城市。居住组团的规模:1000~3000 人;居住小区规模:10000~15000 人;居住区规模:30000~50000 人。

⑥建筑退让。有大量人流、车流集散的建筑,以及位于道路交叉口处的建筑等,建筑位置还应由红线后退,设计时应遵循各地主管部门的具体要求。大多城市中的建筑用地,都涉及"三线"问题,即道路红线、用地红线和建筑控制线,见图2.5。

⑦观察建筑的距离与角度。当人观察和欣赏建筑物的视角在 45°、27°、18° 左右时(图2.6),分别有以下特点:

a.建筑物与视点的距离(D)与建筑物高度(H)相等,即 $D/H=1$,垂直视角在 45° 左右。此时为近距离,适合观看建筑物的细部,但不利于观看建筑物的整体,因为易发生变形的错觉。

b.建筑物与视点的距离(D)与建筑高度(H)之比 $D/H=2$,视角在 27° 左右。此时为中距,可以较好地看到建筑物的全貌,是观察建筑物整体的最佳视角。

c.建筑物与视点的距离(D)与建筑高度(H)之比 $D/H=3$,视角在 18° 时左右。此时为远距,适合观赏建筑群体,对建筑物及所处环境的研究较为理想。

较重要的建筑(例如纪念性建筑)的设计,应当特别重视这些特点的利用。

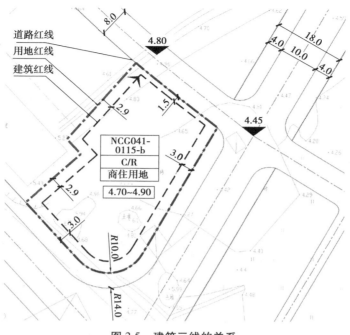

图 2.5　建筑三线的关系

2.2.2　场地内部交通设计

场地内部交通包括人行和车行两个系统,两个系统间一般应设高差,保证其互不干扰,使用安全。另外,车道往往还承担场地排水的功能(类似水沟),在城市里,整个车行系统一般低于人行 100~150 mm。人行系统包括人行道、广场和运动场地等;车行系统包括车行道、停车场和回车场等。

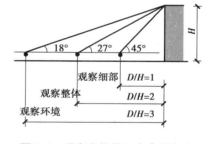

图 2.6　观察建筑的几个典型角度

居住区内道路设计应符合《城市居住区规划设计标准》(GB 50180—2018)的规定:

①居住区道路:红线宽度不宜小于 20 m。

②小区路:路面宽 6~9 m,建筑控制线之间的宽度,需敷设供热管线的不宜小于 14 m;无供热管线的不宜小于 10 m。

③组团路:路面宽 3~5 m;建筑控制线之间的宽度,需敷设供热管线的不宜小于 10 m;无供热管线的不宜小于 8 m。

④宅间小路:路面宽不宜小于 2.5 m。

⑤在多雪地区,应考虑堆积清扫道路积雪的面积,道路宽度可酌情放宽,但应符合当地城市规划行政主管部门的有关规定。

⑥各种道路的纵坡设计,详见表 2.4。

表 2.4　居住区内道路纵坡控制指标　　　　　单位:%

道路类别	最小纵坡	最大纵坡	多雪严寒地区最大纵坡
机动车	≥0.2	≤8,L≤200 m	≤5,L≤600 m
非机动车	≥0.2	≤3,L≤50 m	≤2,L≤100 m
步行道	≥0.2	≤0.8	≤4

注:摘自《城市居住区规划设计标准》(GB 50180—2018)。

⑦停车位的数量也应按照国家相关标准或各地依据当地特点制定的标准执行,例如在重庆市,目前按照《重庆市城市规划管理技术规定》2018 版的要求执行。

⑧车道转弯必须设置缘石半径,即转弯处道路最小边缘的半径。居住区道路红线转弯半径不得小于 6 m,工业区不小于 9 m,有消防功能的道路,最小转弯半径为 12 m,见图 2.7(a)。为控制车速和节约用地,居住区内的缘石半径不宜过大。

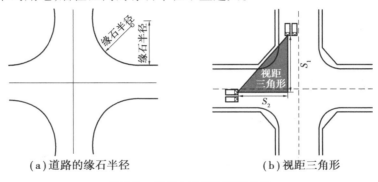

(a)道路的缘石半径　　　　　(b)视距三角形

图 2.7　道路交叉口视距三角形

⑨为保交通安全,道路交叉口还应设置视距三角形,见图 2.7(b)。在视距三角形内不允许有遮挡司机视线的物体存在,见图 2.8。

⑩无障碍设计。建筑的内外环境设计要考虑残障人士出行和使用方便,具体要求详见《无障碍设计规范》(GB 50763—2012)。

2.2.3　场地的绿化和景观设计

建筑基地应做绿化、美化环境设计,完善室外环境设施。场地绿化的作用是改善环境,植物可以起到遮挡视线、

图 2.8　障碍物遮挡视线

隔绝噪声、美化环境、保护生态、改良小气候等作用。室外地面硬化部分,在满足使用的前提下应尽可能少占地,其余的地面应多做绿化。各地方对城市或场地绿化的比例都有明确要求。

2.2.4　竖向设计

场地竖向设计主要内容包括:

①确定建筑和场地的设计高程；

②确定道路走向、控制点的空间位置(平面坐标及高程)和坡度；

③确定场地排水方案；

④计算挖填方量，力求平衡；

⑤布置挡土墙、护坡和排水沟等。

图 2.9 为某城市广场竖向设计图局部。

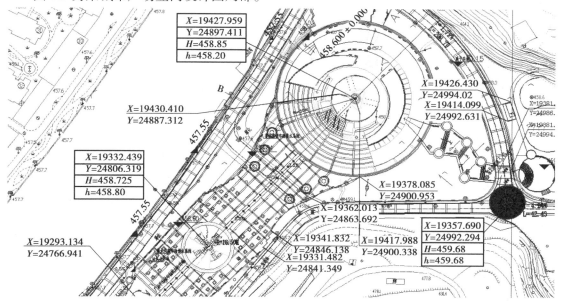

图 2.9　某城市广场竖向设计图局部

2.2.5　城市规划的控制线

城市规划对建筑的设计与建造，有较强的约束性，这体现在"城市规划七线"等方面，如表
2.5 所示。

表 2.5　城市规划七线

序　号	规划控制线名称	规划控制线的用途	备　注
1	红线	道路用地和地块用地界线	建筑及其构件等不许超越
2	绿线	生态、环境保护区域边界线	其范围内不得建设非绿化设施
3	蓝线	河流、水域用地边界线	建筑不得进入其控制范围
4	紫线	历史保护区域边界线	范围内不得随意拆除和新建
5	黑线	电力设施建设控制线	建筑不得进入其控制范围
6	橙线	降低城市中重大危险设施的风险	建筑不得进入其控制范围
7	黄线	城市基础设施用地边界线	建筑不得进入其控制范围

除"城市规划七线"外，还有公共空间控制线、主体建筑控制线等。

2.3 建筑设计与外部环境设计有关的依据、技术经济指标

2.3.1 用地有关的常用指标(以居住区为例)

居住区用地平衡控制指标,详见表2.6。

表2.6 居住区用地平衡控制指标　　　　　单位:%

用地构成	居 住 区	小 区	组 团
1.住宅用地(R01)	50~60	55~65	70~80
2.公建用地(R02)	15~25	12~22	6~12
3.道路用地(R03)	10~18	9~17	7~15
4.公共绿地(R04)	7.5~18	5~15	3~6
居住区用地(R)	100	100	100

注:摘自《城市居住区规划设计标准》(GB 50180—2018)。

表2.6中的指标可以初步反映用地状况和环境质量。

①居住区用地:住宅用地、公建用地、道路用地和公共绿地等4项用地的总称。

②住宅用地:住宅建筑基底占地及其四周合理间距内的用地(含宅间绿地和宅间小路等)的总称。

③公建用地:与居住人口规模相对应配建的、为居民服务和使用的各类设施的用地,应包括建筑基底占地及其所属场院、绿地和配建停车场等。

④道路用地:居住区道路、小区路、组团路及非公建配建的居民汽车地面停放场地。

⑤公共绿地:适合于安排游憩活动设施的、供居民共享的集中绿地,包括居住区公园、小游园和组团绿地及其他块状带状绿地等。

2.3.2 建筑相关的常用指标

①总建筑面积:居住建筑面积与功能公共建筑面积之和。

②居住建筑面积:居住建筑的总建筑面积。

③公共建筑面积:公共建筑的总建筑面积。

④地下建筑面积:地下建筑(如地下车库)的总建筑面积。

2.3.3 用地范围相关的技术指标

①建筑密度。建筑密度是指一定地块内,地上建筑的水平投影总面积占建设用地面积的百分比,其表达公式为:建筑密度=建筑投影总面积÷建设用地面积×100%。

②容积率。容积率=计容积率建筑面积÷建设用地面积。

③绿地率。居住区用地范围内各类绿地面积的总和,占居住区用地面积的比率(%)。

绿地应包括:公共绿地、宅旁绿地、公共服务设施所属绿地和道路绿地(即道路红线内的绿地),其中包括满足当地植树绿化覆土要求、方便居民出入的地下或半地下建筑的屋顶绿地,不应包括屋顶、晒台的人工绿地。

④总户数和总人数,常取 3.2 人/户。

⑤泊车位。

某居住小区规划主要技术经济指标举例,如表 2.7 所示。

表 2.7　某居住小区规划主要技术经济指标

总用地面积		142500 m²
总建筑面积		509734.04 m²
计容积率建筑面积		441924.24 m²
其中	住宅建筑面积	389748.22 m²
	架空层面积	10619.82 m²
	商业建筑面积	34520.63 m²
	会所建筑面积	3170.65 m²
	幼儿园建筑面积	3529.75 m²
	居委会建筑面积	209.02 m²
	垃圾站建筑面积	126.15 m²
不计容积率建筑面积(地下车库)		76599.57 m²
占地面积		26505 m²
容积率		3.10
覆盖率		18.6%
绿地率		38%
总户数		2801 户
停车位		2340 个
其中		地上 230 个
		地下 2110 个

2.4　建筑的内部环境

绝大多数建筑建造的终极目的是营造适宜人类活动和有益人类健康的内部空间环境。环境对人的作用过程是：环境质量→人的感官→生理反应→心理感受→意志的产生→行为的变化。因此，好的环境应使人们在生理上感到舒适，在心理上感到满足，从而在意志上乐不思蜀，在行为上流连忘返。建筑内部环境的营造应首先从使人们能够获得良好的官能感受着手，包括营造好的视觉、听觉、嗅觉、触觉甚至味觉感受。

2.4.1　视觉效果设计

1）人的视距和视角

对观看效果要求高的场所，例如剧场、电影院乃至教室等，国家标准有明确规定。例如电影院设计，其主要设计参数要求如图 2.10 所示。

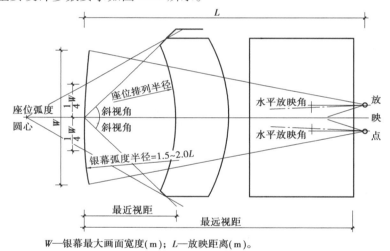

W—银幕最大画面宽度(m)；*L*—放映距离(m)。

图 2.10　电影院的视觉效果要求(摘自《电影院建筑设计规范》(JGJ 58—2008))

2）环境的照度

照度是一个物理指标，用来衡量作业面上单位面积获得的光能的多少，单位是 lx，而计量光能多少的单位是 lm，照度就是 lm/m²。作业面是人们从事各种活动时，手和视线汇集的地方，或场所里最需要照明的部位，如教室的课桌面、工厂的操作台面等。

各种场所的作业面高度以及照度，在国家标准《建筑照明设计标准》(GB 50034—2013)中有明确规定。照度由人工照明或天然采光保证，人工照明设计由电气照明工程师负责，而天然采光可以通过建筑设计，控制采光屋面和窗洞口的面积等来实现，如"窗地比"的要求，参见《建筑采光设计标准》(GB/T 50033—2001)。

3）光源的色彩与室内环境氛围

人们用黑体的色温来描述光源的色彩。能把落在它上面的辐射全部吸收的物体称为黑体,黑体加热到不同温度时会发出的不同光色,如果某一光源的颜色与黑体加热到绝对温度5000 K(华氏温度,开尔文)时发出的光色相同,该光源的色温就是 5000 K。在 800～900 K 时,光色为红色;3000 K 时为黄白色;5000 K 左右时呈白色;8000～10000 K 时为淡蓝色。光源的色彩与室内环境有着人们习惯的对应关系,见表2.8。

表 2.8 光源色表分组

色表分组	色表特征	相关色温/K	适用场所举例
I	暖	<3300	客房、卧室、病房、酒吧、餐厅
II	中间	3300～5300	办公室、教室、阅览室、诊室、检验室、机加工车间、仪表装配
III	冷	>5300	热加工车间、高照度场所

注:引自《建筑照明设计标准》(GB 50034—2013)。

4)视线干扰

许多室内场所不希望有视线的干扰,以保护个人或单位的隐私或机密,最常见的场所如卧室、卫生间、更衣室、浴室、治疗室等。避免视线干扰的主要手段是设置视线遮挡。空间私密性布置的常用方法如图 2.11 所示。

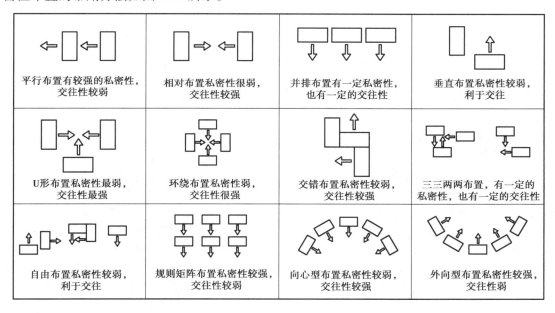

图 2.11 考虑个人空间的私密性时,家具布置采用的不同方法

2.4.2 听觉效果设计

听觉效果设计的内容,主要是降低和控制环境噪声,以保证足够的音量和改善声音的质量,详见表2.9;声音的质量主要体现在技术指标"混响"声方面,见图2.12。

表 2.9　室内允许噪声级（昼间）

建筑类别	房间名称	允许噪声级（A 声级，dB）			
		特级	一级	二级	三级
住宅	卧室、书房	—	≤40	≤45	≤50
	起居室	—	≤45	≤50	≤50
学校	有特殊安静要求的房间		≤40		
	一般教室	—	—	≤50	—
	无特殊安静要求的房间	—	—	—	≤55
医院	病房、医务人员休息室	—	≤40	≤45	≤50
	门诊室		≤55	≤55	≤60
	手术室		≤45	≤45	≤50
	听力测听室	—	≤25	≤25	≤30
旅馆	客房	≤35	≤40	≤45	≤55
	会议室	≤40	≤45	≤50	≤50
	多用途大厅	≤40	≤45	≤50	—
	办公室	≤45	≤50	≤55	≤55
	餐厅、宴会厅	≤50	≤55	≤60	

室内音质的大体设计步骤如下：

（1）降低环境噪声

降低环境噪声，是指通过隔离噪声源，减少噪声传播，使室内外环境的噪声值达到国家标准《民用建筑隔声设计规范》（GB 50118—2010）和《民用建筑设计统一标准》（GB 50352—2019）的规定。

（2）做好室内的音质设计

室内音质设计必须依一个固定程序，一步接一步地按照顺序完成，具体就是：

①确定建筑空间的用途。因为用途不同，对音质的要求不同，对混响时间长短的需要就不同。

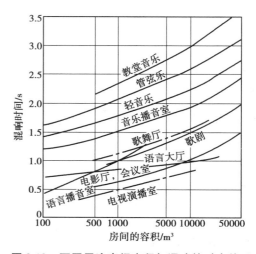

图 2.12　不同用途房间容积与混响的对应关系

②确定空间合适的形状。这样可以避免声缺陷，使音质不致受损，这些声缺陷主要包括：

a.声影：一些区域为障碍物遮挡，造成声音被削弱。

b.回声:直达声与较强的前次反射声,到达人耳的前后时差超过 50 ms 后形成。

c.颤动回声:平行界面产生的声波往复反射而形成。

d.声聚焦:声能被凹曲面反射所产生的聚集现象,见图 2.13。

e.声爬行。声波会沿圆形平面的墙体逐渐反射爬行,最后又到达声源起点,这种现象会使墙体附近的观众感到声源位置难以捉摸,例如天坛回音壁的声学效果(见图 2.14)。

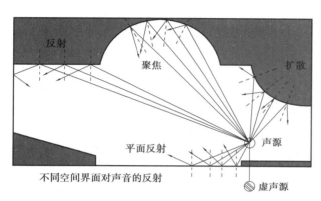

图 2.13　空间界面对声音的反射图　　　　图 2.14　天坛回音壁的声爬行现象

③确定空间容积。空间容积与混响时间成正比关系。空间容积大小的确定,首先要考虑空间特定的使用功能对最大容积的限制;另外,应根据使用功能,先确定人均容积,再确定建筑空间的容积。

④合理布置声学材料。在厅堂内布置装修和吸声材料,不论是自然声还是电声厅堂,舞台(主席台)周围界面都以反射材料(质地密实)为主;舞台正对的墙面,因为易产生回声,所以以吸声材料或构造为主;两侧墙面及部分吊顶,以扩散和吸声为主,见图 2.15。一般的视听空间,可采用 MLS 吸声扩散材料(图 2.16)来做墙和吊顶面的装修,以改良室内音质。

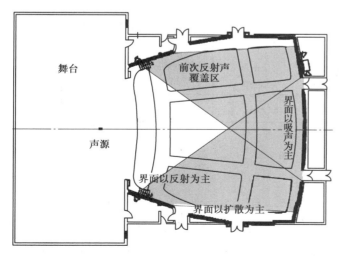

图 2.15　声学材料在室内的布置　　　　　图 2.16　MLS 吸声扩散材料

⑤确定"理想的频率特性曲线"。

⑥利用伊林公式,按照一定程序计算厅堂的满场及空场的频率特性曲线,并与理想的曲线比较。根据结果对设计做调整,直至满足要求。

(3)原声厅堂与电声厅堂的声学设计差别

原声厅堂的室内声学设计,必须按照室内音质设计的步骤,确定空间形状,限定空间容积,布置各种材料,最终满足理想频率特性曲线的混响和其他音质要求。重要的电声厅堂也应照此程序先处理好室内音质,再配备合适的电声设备。

室内听觉效果的营造,是以建筑声学理论为指导,以现代技术手段为支撑的。

2.4.3 触觉效果设计

1)有关因素

室内环境中影响人的触觉的因素包括材料、温度、湿度和空气流速等,常见的材料运用有地毯铺设、装修采用"软包"措施等。又如人们经常接触的地面和墙面,应采用蓄热系数高的装修材料(如木材等),这些材料自身的温度变化缓慢,不受外界温度急剧变化的影响,始终让人感到舒适。

2)有关指标

适用于住宅和办公建筑的有关指标,具体参见《室内空气质量标准》(GB/T 18883—2002),以及《民用建筑供暖通风与空气调节设计规范》(GB 50736—2012),见表2.10。

表2.10　室内空气的物理指标

序　号	参数类别	参　数	单　位	标准值	备　注
1	物理性	温度	℃	22~28	夏季空调
				16~24	冬季采暖
2		相对湿度	%	40~80	夏季空调
				30~60	冬季采暖
3		空气流速	m/s	0.3	夏季空调
				0.2	冬季采暖
4		新风量	$m^3/(h \cdot p)$	30	

2.4.4 室内环境与人的心理

1)空间尺度与人的心理感受

人类具备在身处各种环境时,进行自我保护和防止干扰的本能,对于不同的活动场所,有生理范围、心理范围和领域的需求,体现为必需的人际距离。设计中对空间尺度的把握,应关注这种距离的需求。表2.11列出了常见的人际距离。

表 2.11 人际距离与行为特征

名　称	距　离	表　现
亲密距离 (0~45 cm)	接近相(0~15 cm)	是一种表达温柔、亲密或激愤等感情的距离,常见于家庭居室和私密空间
	远方相(15~45 cm)	人之间可接触握手
个体距离 (0.45~1.3 m)	接近相(0.45~0.75 m)	是亲近朋友和家庭成员之间谈话的距离,仍可与对方接触,例如家庭的餐桌上
	远方相(0.75~1.3 m)	可以清楚地看到细微表情的交谈
社会距离 (1.3~3.75 m)	接近相(1.3~2.1 m)	同事、朋友、熟人、邻居等之间日常交谈的距离
	远方相(2.1~3.75 m)	交往不密切的距离,例如旅馆大堂休息处、小型会客室、洽谈室等处常见这样的人际距离
公众距离 (>3.75 m)	接近相(3.75~7.50 m)	常见于自然语言的讲课,以及演讲、正规的接待场所
	远方相(>7.50 m)	需借助扩音器的讲演,例如大型会议室等处

注:接近相是指在范围内有近距趋势;远方相是指相对的远距趋势。

2)私密性与尽端区域

私密性是人的本能,也反映在人与人或人与群体之间必须维持的空间距离,如银行的取款一米线等设计,都考虑了满足这种需求。为了保护自身的私密性,人在公众空间中总会趋向尽端区域,就是空间中人流较少且安全有一定依托的处所,如室内靠墙的座位、靠边的区域等。另外,人在参观、就餐或工作时,也会经常体现出尽端趋向,餐厅内设立厢座,就是为创造更多的尽端区域,以顺应这种趋向。

3)安全感与依托

人在环境中的安全感往往来源于依托,依托是安全感存在的基础。在公共空间中,人们往往会寻找有依托的、安全性高的区域。室内的依托主要表现为构架、柱、实体或稳定的壁面等。安全感是人在社会中的一种心理需求,如人在办公室中,常会选择靠近实体墙壁的面为主要的办公座位,这样会感觉到安全。

4)从众与趋光心理

从众心理是人在心理上的一种归属需求的表现,当突发事件给人群带来不安时,人们会盲目选择跟随人流行动,就是明显的例子。

在黑暗中,人类具有选择光明的趋向,因为光给人带来了希望和安全感,因此,环境中光的指向作用尤为重要。如建筑内部的紧急出口处,都设置灯光来指示人流。

5)色彩与人的心理感受

环境的色彩会对人的心理产生影响。例如,暖色调(红色、橙色、黄色、赭色等)色彩的搭配,会使人感到温馨、和煦、热情等,因此常施用于餐厅一类的公共场所;冷色调(青色、绿色、紫色等)色彩的搭配,使人感到宁静、清凉、冷静等,常用于办公或研究场所。

6)不同触觉对心理的影响

研究发现,柔软舒适的触觉会让人感到愉悦;触摸到硬物时,人们普遍会产生稳定和严厉等感觉;粗糙的物体会使人联想到困难;光滑的物体表面会让人心情放松,而手持重物则使人感觉周围的环境似乎也变得沉重起来。

2.5 建筑环境的卫生与环保

2.5.1 室内空气质量

新鲜空气除有益健康外,还让人的嗅觉舒适,从而影响心情。为保持室内空气的清新、减少有害物质,国家标准以"换气量"这个指标来作出规定。室内环境应有足够的自然通风或机械送风,满足室内每人每小时换气量(新风量)不低于 30 m³。换气量的要求直接对建筑门窗的设计有影响,具体详见《室内空气质量标准》(GB/T 18883—2002)和《民用建筑供暖通风与空气调节设计规范》(GB 50736—2012)。

2.5.2 燥光污染

视觉环境中的燥光污染,一是室外视环境污染,如建筑物外墙的反射;二是室内视环境污染,如室内装修、室内不良的光色环境等;三是局部视环境污染,如纸张、某些工业产品等。

由于建筑和室内装修中采用的镜面、瓷砖和白粉墙日益增多,近距离读写使用的书簿纸张越来越光滑,当代人实际上把自己置身于一个"强光弱色"的"人造视环境"中。

据测定,一般白粉墙的光反射系数为 69%～80%;镜面玻璃的光反射系数为 82%～88%,特别光滑的粉墙和洁白的书簿纸张的光反射系数高达 90%,比草地、森林或毛面装饰物面高10 倍左右,大大超过了人体所能承受的生理适应范围,构成了新的污染源。燥光污染可对人眼的角膜和虹膜造成伤害,抑制视网膜感光细胞功能的发挥,引起视疲劳和视力下降。

2.5.3 病菌与病毒防范

人群聚集的场所,设计时应关注流行病的防范,注意公共卫生。1976 年,美国费城退伍军人协会会员中曾爆发由军团菌导致的呼吸道疾病,短时间内有 221 人感染疾病,其中死亡 34人。这些人居住过同一个旅馆,军团菌就隐藏在旅馆的空调制冷装置中。因此,设计餐馆、医院等洁净度要求高的公共场所时,更要使室内环境利于防止病毒滋生与传播,例如室内要有充分的日照,空间界面设计要易于清洁、不留死角等。其他场所也应考虑和解决类似问题,例如对于歌舞厅,主管部门就要求必须安装足够多的紫外杀菌灯,在非营业时间照射足够多的时间,设计时应严格遵循。

2.5.4　有害物质控制

由于建筑材料与装修材料的选材不当或通风不好等原因,室内易积聚的有害物质有甲醛、氨、苯及苯系物质、氡、总挥发性有机物(TVOC)、有害射线(与石材有关)等,过量时会使人致病甚至致癌。建筑设计和内部装修设计要依据国家有关标准,严格控制其含量不会超标。这些标准目前不少于 10 个,如《室内装饰装修材料有害物质限量内墙涂料》(GB 18582—2001)等。20 世纪 90 年代,材料科学家提出了"生态环境材料"的理念。生态环境材料大致分为两类:一类是保健型生态环境材料,具有空气净化、抗菌、防霉功能和电化学效应、红外辐射效应、超声和电场效应以及负离子效应等功能;另一类是环保型生态环境材料,对居住环境空气、温度、湿度、电磁生态环境具有保护和改善效果。

2.5.5　环境电磁污染

电磁辐射污染被国际上公认为第五害,它一方面影响人体健康和安全,另一方面也对各种电子仪器、设备形成电磁干扰。过量的电磁辐射会引起人的生理功能紊乱、出现烦躁、头晕、疲劳、失眠、记忆力减退、脱发、植物神经紊乱等,严重的甚至会致癌、致畸、致突变。电磁辐射对生活环境和工作环境的影响也很大,会干扰广播、电视、通信设备、工业、交通、军事、科技、医用电子仪器和设备的工作,造成信息失误、控制失灵,对通信产生干扰和破坏,造成泄密等,甚至酿成重大事故。环境电磁场,特别是生产工艺过程中的静电场,可能引起放电、爆炸和火灾,对生产和人身安全有很大的威胁。对此,设计应采取对应的措施,如电磁屏蔽、电磁波吸收与引导、采用电磁生态环境材料等。

2.6　建筑的安全性

建筑的安全性体现在场地安全、建筑防灾(如防火和防震)、结构安全、设备安全和使用安全等方面。

2.6.1　建筑防火设计

建筑内部人员和电气设备多,可燃物也不少,容易引发火灾造成生命财产损失。任何一幢或一群建筑物设计,要满足国家有关防火设计规范的要求,包括《建筑设计防火规范》(GB 50016—2014)和《建筑内部装修设计防火规范》(GB 50222—2017)。本书的各种数据均摘自这两个国家标准。

1)建筑的防火间距要求

建筑设计应满足表 2.12 的要求,以免建筑发生火灾时殃及相邻建筑。

表 2.12　民用建筑之间的防火间距　　　　　　　　　单位:m

建筑类别		高层民用建筑	裙房和其他民用建筑		
		一、二级	一、二级	三级	四级
高层民用建筑	一、二级	13	9	11	14
裙房和其他民用建筑	一、二级	9	6	7	9
	三级	11	7	8	10
	四级	14	9	10	12

注:①摘自《建筑设计防火规范》(GB 50016—2014)。

②相邻两座单、多层建筑,当相邻外墙为不燃性墙体且无外露的可燃性屋檐,每面外墙上无防火保护的门、窗、洞口不正对开设且该门、窗、洞口的面积之和不大于外墙面积的 5% 时,其防火间距可按本表的规定减少 25%。

③两座建筑相邻较高一面外墙为防火墙,或高出相邻较低一座一、二级耐火等级建筑的屋面 15 m 及以下范围内的外墙为防火墙时,其防火间距不限。

④相邻两座高度相同的一、二级耐火等级建筑中,相邻任一侧外墙为防火墙,屋面板的耐火极限不低于 1.00 h 时,其防火间距不限。

⑤相邻两座建筑中较低一座建筑的耐火等级不低于二级,相邻较低一面外墙为防火墙且屋顶无天窗,屋面板的耐火极限不低于 1.00 h 时,其防火间距不应小于 3.5 m;对于高层建筑,不应小于 4 m。

⑥相邻两座建筑中较低一座建筑的耐火等级不低于二级且屋顶无天窗,相邻较高一面外墙高出较低一座建筑的屋面 15 m 及以下范围内的开口部位设置甲级防火门、窗,或设置符合现行国家标准《自动喷水灭火系统设计规范》(GB 50084—2017)规定的防火分隔水幕或《建筑设计防火规范》(GB 50016—2014)规范第 6.5.3 条规定的防火卷帘时,其防火间距不应小于 3.5 m;对于高层建筑,不应小于 4 m。

⑦相邻建筑通过连廊、天桥或底部的建筑物等连接时,其间距不应小于本表的规定。

⑧耐火等级低于四级的既有建筑,其耐火等级可按四级确定。

2)建筑防火分区的要求

设置防火分区的目的,是在火灾发生后能够阻止其在建筑内部的蔓延。防火分区是由防火墙、楼面、屋面以及防火门窗等,在建筑内部分隔出的更小空间,其大小的要求见表 2.13。

表 2.13　不同耐火等级建筑的允许建筑高度或层数、防火分区最大允许建筑面积

名　　称	耐火等级	允许建筑高度或层数	防火分区的最大允许建筑面积/m²	备　　注
高层民用建筑	一、二级	按《建筑设计防火规范》(GB 50016—2014)规范第 5.1.1 条确定	1500	对于体育馆、剧场的观众厅,防火分区的最大允许建筑面积可适当增加
单、多层民用建筑	一、二级	按《建筑设计防火规范》(GB 50016—2014)规范第 5.1.1 条确定	2500	
	三级	5 层	1200	——
	四级	2 层	600	——

续表

名 称	耐火等级	允许建筑高度或层数	防火分区的最大允许建筑面积/m²	备 注
地下、半地下建筑(室)	一级	—	500	设备用房的防火分区最大允许建筑面积不应大于1000 m²

注:①摘自《建筑设计防火规范》(GB 50016—2014)。
　②表中规定的防火分区最大允许建筑面积,当建筑内设置自动灭火系统时,可按本表的规定增加1.0倍;局部设置时,防火分区的增加面积可按该局部面积的1.0倍计算。
　③裙房与高层建筑主体之间设置防火墙时,裙房的防火分区可按单、多层建筑的要求确定。

3)建筑构件耐火极限要求

耐火极限是指在标准耐火试验条件下,建筑构件、配件或结构从受到火的作用时起,到失去稳定性、完整性或隔热性时为止的时间。建筑构件的耐火极限要求见表2.14。

表 2.14　不同耐火等级建筑相应构件的燃烧性能和耐火极限　　　　单位:h

构件名称		耐火等级			
		一级	二级	三级	四级
墙	防火墙	不燃性 3.00	不燃性 3.00	不燃性 3.00	不燃性 3.00
	承重墙	不燃性 3.00	不燃性 2.50	不燃性 2.00	难燃性 0.50
	非承重外墙	不燃性 1.00	不燃性 1.00	不燃性 0.50	可燃性
	楼梯间和前室的墙,电梯井的墙,住宅建筑单元之间的墙和分户墙	不燃性 2.00	不燃性 2.00	不燃性 1.50	难燃性 0.50
	疏散走道两侧的隔墙	不燃性 1.00	不燃性 1.00	不燃性 0.50	难燃性 0.25
	房间隔墙	不燃性 0.75	不燃性 0.50	难燃性 0.50	难燃性 0.25
柱		不燃性 3.00	不燃性 2.50	不燃性 2.00	难燃性 0.50
梁		不燃性 2.00	不燃性 1.50	不燃性 1.00	难燃性 0.50

续表

构件名称	耐火等级			
	一级	二级	三级	四级
楼板	不燃性 1.50	不燃性 1.00	不燃性 0.50	可燃性
屋顶承重构件	不燃性 1.50	不燃性 1.00	可燃性 0.50	可燃性
疏散楼梯	不燃性 1.50	不燃性 1.00	不燃性 0.50	可燃性
吊顶(包括吊顶搁栅)	不燃性 0.25	难燃性 0.25	难燃性 0.15	可燃性

注:①摘自《建筑设计防火规范》(GB 50016—2014)。

②除本规范另有规定外,以木柱承重且墙体采用不燃材料的建筑,其耐火等级应取四级。

③住宅建筑构件的耐火极限和燃烧性能可按现行国家标准《住宅建筑规范》(GB 50368)的规定执行。

4)建筑装修材料的燃烧性能等级要求

国家标准《建筑内部装修设计防火规范》(GB 50222—2017),将建筑内部的装修材料等分为七类,又依据其燃烧性能分为 A(不燃性)、B1(难燃性)、B2(可燃性)、B3(易燃性)四个等级,见表2.15和表2.16。

表2.15　七类装修材料

类　别	一	二	三	四	五	六	七
装修材料	顶棚装修材料	墙面装修材料	地面装修材料	隔断装修材料	固定家具	装饰织物	其他装饰材料

注:①装饰织物是指窗帘、帷幔、床罩、家具包布等。

②其他装饰材料是指楼梯扶手、挂镜线、踢脚板、窗帘盒、暖气罩等。

表2.16　单层多层民用建筑内部各部位装修材料的燃烧性能等级

建筑物及场所	建筑规模、性质	装修材料燃烧性能等级							
		顶棚	墙面	地面	隔断	固定家具	装饰织物		其他装饰材料
							窗帘	帷幕	
候机楼的候机大厅、商店、餐厅、贵宾候机室、售票厅等	建筑面积> 10000 m² 的候机楼	A	A	B1	B1	B1	B1		B1
	建筑面积≤ 10000 m² 的候机楼	A	B1	B1	B1	B2	B2		B2

建筑物及场所	建筑规模、性质	装修材料燃烧性能等级							
		顶棚	墙面	地面	隔断	固定家具	装饰织物		其他装饰材料
							窗帘	帷幕	
汽车站、火车站、轮船客运站的候车(船)室、餐厅、商场等	建筑面积>10000 m² 的车站、码头	A	A	B1	B1	B2	B2		B2
	建筑面积≤10000 m² 的车站、码头	B1	B1	B1	B2	B2	B2		B2
影院、会堂、礼堂、剧院、音乐室	>800 座位	A	A	B1	B1	B1	B1	B1	B1
	≤800 座位	A	B1	B1	B1	B1	B1	B1	B2
体育馆	>3000 座位	A	A	B1	B1	B1	B1	B1	B1
	≤3000 座位	A	B1	B1	B1	B2	B1	B1	B2
商场营业厅	每层建筑面积>8000 m² 或总建筑面积>9000 m² 的营业厅	A	B1	A	A	B1	B1		B2
	每层建筑面积为 1000~3000 m² 或总建筑面积为 3000~9000 m² 的营业厅	A	B1	B1	B1	B2	B1		
	每层建筑面积<1000 m² 或总建筑面积<3000 m² 营业厅	B1	B1	B1	B2	B2	B2		
饭店、旅馆的客房及公共活动用房等	设有中央空调系统的饭店、旅馆	A	B1	B1	B1	B2	B2		B2
	其他饭店、旅馆	B1	B1	B2	B2	B2	B2		
歌舞厅、餐馆等娱乐、餐饮建筑	营业面积>100 m²	A	B1	B1	B2	B2	B1		B2
	营业面积≤100 m²	B1	B1	B1	B2	B2	B2		B2
幼儿园、托儿所、中小学、医院病房楼、疗养院、养老院		A	B1	B1	B1	B2	B1		B2

续表

建筑物及场所	建筑规模、性质	装修材料燃烧性能等级							
		顶棚	墙面	地面	隔断	固定家具	装饰织物		其他装饰材料
							窗帘	帷幕	
纪念馆、展览馆、博物馆、图书馆、档案馆、资料馆等	国家级、省级	A	B1	B1	B1	B2	B1		B2
	省级以下	B1	B1	B2	B2	B2	B2		B2
办公楼、综合楼	设有中央空调系统的办公楼、综合楼	A	B1	B1	B1	B2	B2		B2
	其他办公楼、综合楼	B1	B1	B2	B2	B2			
住宅	高级住宅	B1	B1	B1	B2	B2	B2		B2
	普通住宅	B2	B2	B2	B2	B2			

2.6.2 建筑安全疏散

安全疏散设计的目的是,保证在各种紧急情况例如火灾或地震时,建筑内部的人员能够快速转移到建筑外面去。

安全疏散设计应使安全出口(含疏散楼梯间、房间门和建筑通往外面的门)的数量、大小和位置,以及安全疏散通道大小和疏散距离的设计,满足国家标准要求。

1)公共建筑安全疏散设计

(1)安全口数量

公共建筑内每个防火分区或一个防火分区的每个楼层,安全出口的数量应经计算确定,且不少于两个。两个安全口之间的净距离不应小于 5 m,否则只算作一个。

公共建筑内的房间,除一些特殊条件外,应经过计算并设两个安全出口或者更多。

(2)疏散楼梯的数量

按照疏散要求,建筑应经计算设置两个或更多的楼梯,仅少数特殊情况可以只设一个楼梯。

(3)与安全疏散有关的楼梯间类型

与疏散有关的楼梯间,分为三种形式,即开敞式楼梯间、封闭式楼梯间和防烟楼梯间。

①开敞式楼梯间一般用于低层和多层建筑,见图 2.17。

②封闭式楼梯间:是用耐火建筑构件分隔,以乙级防火门隔开楼梯间和公共走道,能够自然采光和自然通风,能防止烟和热气进入的楼梯间,见图 2.18。封闭楼梯间的门应向疏散方向开启。

③防烟楼梯间,是指在楼梯间入口处设有防烟前室,开敞式阳台或凹廊(统称前室)等设施,且通向前室和楼梯间的门均为防火门,以防止火灾的烟和热气进入的楼梯间,见图 2.19。

这 3 种楼梯间有各自的适用范围,见表 2.17。

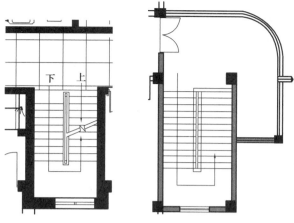

图 2.17 开敞式楼梯间　　图 2.18 封闭式楼梯间

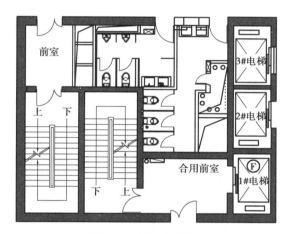

图 2.19 防烟楼梯间

表 2.17 疏散楼梯间的类型及适用范围

建筑类型	建筑高度	任何疏散门到楼梯间	封闭楼梯间	防烟楼梯间	可采用防烟剪刀楼梯间
高层公共建筑		≤10 m			√
一类高层公共建筑	≥27 m			√	塔式高层,有前室
二类高层公共建筑	≥32 m			√	塔式高层,有前室
裙房或二类高层	≯32 m		√		塔式高层,有前室
多层医疗建筑			√		普通
多层旅馆建筑			√		普通
多层公寓建筑			√		普通
多层老人建筑			√		普通

续表

建筑类型	建筑高度	任何疏散门到楼梯间	封闭楼梯间	防烟楼梯间	可采用防烟剪刀楼梯间
多层商店			√		普通
多层展览建筑			√		普通
多层会议中心及类似建筑			√		普通
六层及以上其他多层建筑			√		普通

注:摘自《建筑设计防火规范》(GB 50016—2014)。

（4）安全疏散距离

设计应使三个主要的疏散距离满足国家标准要求:房间内部任何一点到房间门的距离;房间门到楼梯间或建筑外部出口之间的距离;底层楼梯间门至建筑外部出口的距离,见图2.20。设计参数详见表2.18。

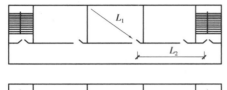
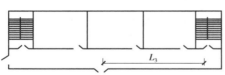

L_1:室内最不利一点到房门的距离;

L_2:房门到楼梯间的距离;

L_3:底层楼梯间到建筑出口的距离。

图 2.20　疏散距离示意

表 2.18　直通疏散走道的房间疏散门至最近安全出口的直线距离　　　单位:m

名　称			位于两个安全出口之间的疏散门			位于袋形走道两侧或尽端的疏散门		
			一、二级	三级	四级	一、二级	三级	四级
托儿所、幼儿园、老年人建筑			25	20	15	20	15	10
歌舞娱乐放映游艺场所			25	20	15	9	—	—
医疗建筑	单、多层		35	30	25	20	15	10
	高层	病房部分	24	—	—	12	—	—
		其他部分	30	—	—	15	—	—
教学建筑	单、多层		35	30	25	22	20	10
	高层		30	—	—	15	—	—

名　称		位于两个安全出口之间的疏散门			位于袋形走道两侧或尽端的疏散门		
		一、二级	三级	四级	一、二级	三级	四级
高层旅馆、公寓、展览建筑		30	—	—	15	—	—
其他建筑	单、多层	40	35	25	22	20	15
	高　层	40	—	—	20	—	—

注:①摘自《建筑设计防火规范》(GB 50016—2014)。

　②建筑内开向敞开式外廊的房间疏散门至最近安全出口的直线距离可按本表的规定增加 5 m。

　③直通疏散走道的房间疏散门至最近敞开楼梯间的直线距离,当房间位于两个楼梯间之间时,应按本表的规定减少 5 m;当房间位于袋形走道两侧或尽端时,应按本表的规定减少 2 m。

　④建筑物内全部设置自动喷水灭火系统时,其安全疏散距离可按本表的规定增加 25%。

（5）疏散门和安全口宽度

除特殊规定外,公共建筑内疏散门和安全口的净宽度不应小于 0.9 m,疏散走道和疏散楼梯的净宽度不应小于 1.1 m。其他要求详表 2.19。

表 2.19　高层公共建筑内楼梯间的首层疏散门、首层疏散外门、疏散走道和疏散楼梯的最小净宽度　　单位:m

建筑类别	楼梯间的首层疏散门、首层疏散外门	走　道		疏散楼梯
		单面布房	双面布房	
高层医疗建筑	1.30	1.40	1.50	1.30
其他高层公共建筑	1.20	1.30	1.40	1.20

注:摘自《建筑设计防火规范》(GB 50016—2014)。

（6）人数众多场所的"百人指标"

人数众多的场所,其疏散口的要求有一个"百人指标"。例如,国家标准规定:剧场、电影院、礼堂、体育馆等,其疏散走道、疏散楼梯、疏散门、安全出口的各自总净宽度,应符合下列规定:

①观众厅内疏散走道的净宽度应按每 100 人不小于 0.60 m 计算,且不应小于 1.00 m;边走道的净宽度不宜小于 0.80 m。

②剧场、电影院、礼堂等场所供观众疏散的所有内门、外门、楼梯和走道的各自总净宽度,应根据疏散人数按每 100 人的最小疏散净宽度不小于表 2.20 的规定计算确定。

表 2.20　剧场、电影院、礼堂等场所每 100 人所需最小疏散净宽度　　　单位:m/百人

观众厅座位数/座			≤2500	≤1200
耐火等级			一、二级	三级
疏散部位	门和走道	平坡地面	0.65	0.85
		阶梯地面	0.75	1.00
	楼梯		0.75	1.00

注:摘自《建筑设计防火规范》(GB 50016—2014)。

③体育馆供观众疏散的所有内门、外门、楼梯和走道的各自总净宽度,应根据疏散人数按每 100 人的最小疏散净宽度不小于表 2.21 的规定计算确定。

表 2.21　体育馆每 100 人所需最小疏散净宽度　　　单位:m/百人

观众厅座位数范围/座			3000~5000	5001~10000	10001~20000
疏散部位	门和走道	平坡地面	0.43	0.37	0.32
		阶梯地面	0.50	0.43	0.37
	楼梯		0.50	0.43	0.37

注:①摘自《建筑设计防火规范》(GB 50016—2014)。
　　②表中对应较大座位数范围按规定计算的疏散总净宽度,不应小于对应相邻较小座位数范围按其最多座位数计算的疏散总净宽度。对于观众厅座位数少于 3000 个的体育馆,计算供观众疏散的所有内门、外门、楼梯和走道的各自总净宽度时,每 100 人的最小疏散净宽度不应小于表 2.20 的规定。
　　③有候场需要的入场门不应作为观众厅的疏散门。

2)居住建筑安全疏散设计

(1)安全口数量

住宅建筑的安全口数量要求,见表 2.22。

表 2.22　住宅的安全出口数量

建筑高度/m	单元每层建筑面积/m²	户门至最近安全出口距离/m	安全出口数量/单元每层
≤27	>650	>15	≥2
>27,且≤54	>650	>10	≥2
>54	—	—	≥2
>27,且≤54	—	—	可通过屋面到其他单元,2 个

注:摘自《建筑设计防火规范》(GB 50016—2014)。

(2)住宅疏散楼梯的设置要求

不同的住宅类型,应照国家标准的规定设置相应的楼梯,见表 2.23。

表 2.23　住宅楼梯采用形式

住宅建筑高度/m	可采用楼梯类型
$H \leq 21$	开敞式楼梯间
$21 < H \leq 33$	封闭式楼梯间
$H > 33$	防烟楼梯间

注:①分散楼梯设置确有困难,且任一户门至最近疏散楼梯间入口距离不大于10m时,可采用剪刀楼梯间。
　　②防烟楼梯间最安全,任何建筑选择防烟楼梯间都没问题,剪刀楼梯间属于防烟楼梯间的特殊形式。
　　③表中为最低要求,是最经济的做法。

（3）住宅的安全疏散距离

住宅直通疏散走道的户门至最近安全出口的直线距离不应大于表 2.24 的规定。

表 2.24　住宅建筑直通疏散走道的户门至最近安全出口的直线距离　　　　单位:m

住宅建筑类别	位于两个安全出口之间的户门			位于袋形走道两侧或尽端的户门		
	一、二级	三级	四级	一、二级	三级	四级
单、多层	40	35	25	22	20	15
高层	40	—	—	20	—	—

注:①摘自《建筑设计防火规范》(GB 50016—2014)。
　　②开向敞开式外廊的户门至最近安全出口的最大直线距离可按本表的规定增加 5 m。
　　③直通疏散走道的户门至最近敞开楼梯间的直线距离,当户门位于两个楼梯间之间时,应按本表的规定减少 5 m;
　　　当户门位于袋形走道两侧或尽端时,应按本表的规定减少 2 m。
　　④住宅建筑内全部设置自动喷水灭火系统时,其安全疏散距离可按本表规定增加25%。
　　⑤跃廊式住宅的户门至最近安全出口的距离,应从户门算起,小楼梯的一段距离可按其水平投影长度的1.50 倍
　　　计算。

（4）疏散门和安全口宽度

住宅建筑的户门、安全出口、疏散走道和疏散楼梯的各自总净宽度应经计算确定,且户门和安全出口的净宽度不应小于0.90 m,疏散走道、疏散楼梯和首层疏散外门的净宽度不应小于 1.10 m。

建筑高度不大于 18 m 的住宅中一边设置栏杆的疏散楼梯,其净宽度不应小于 1.0 m。

2.6.3　建筑防震

（1）基本概念

地震主要是因为地球板块运动突变时,在板块边缘或地质断层某一点释放超常能量造成的,这一点称为震源,其在地面的投影点称为震中,见图 2.21。其他因素也会诱发或造成地震,例如地陷或核爆等。

（2）地震的震级

震级是衡量地震释放能量大小的尺度。同国际上一样，我国用里氏震级作标准，共12级。每一级之间大小相差约31.6倍。假设一级地震是1，则二级是一级的约31.6倍，三级就是一级的约1000倍，以此类推。

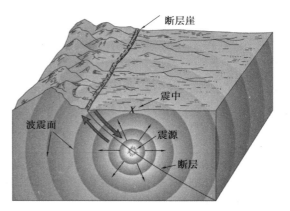

图2.21　地震有关概念示意

（3）地震的烈度

烈度是衡量地震发生时所造成破坏程度的尺度。地震的破坏程度与地震震级的大小成正比，与某地至震中的距离以及震源至震中的距离成反比，见表2.25。烈度共分为12度，其中1~5度是"无感至有感"；6度是"有轻微损坏"；7~10度为"破坏性"；11度及其以上是"毁灭性"。

表2.25　地震震中烈度与震源和震级的关系　　　　　　单位：度

震源深度 ＼ 震级	7级	6级	5级	4级	3级
5 km	11.0	9.5	8.0	6.5	5.0
10 km	10.0	8.5	7.0	5.5	4.0
15 km	9.4	7.9	6.4	4.9	3.4
20 km	9.0	7.5	6.0	4.5	3.0

（4）地震烈度区划图

地震烈度区划图是按照长时期内各地可能遭受的地震危险程度对国土进行划分的，是建筑工程抗震设计的重要依据之一。

（5）抗震设防目标

我国现阶段房屋建筑采用三个水准的抗震设防目标，即：

第一目标："小震不坏"，指当遭受低于本地区地震基本烈度的多遇地震影响时，建筑一般不受损坏或不修理可继续使用。

第二目标："中震可修"，指当遭受相当于本地区地震基本烈度的地震影响时，建筑可能损坏，但经一般修理或不需修理仍可继续使用。

第三目标："大震不倒"，指当遭受高于本地区抗震设防烈度预估的罕遇地震时，建筑不致倒塌或发生危及生命的严重破坏。

（6）建筑选址

地震设防地区的建筑选址，应避开不利的地形和地段，如软弱场地土，易液化土，易发生滑坡、崩塌、地陷、泥石流的地段，以及断裂带、地表错位等地段；并避开其他易受地震次生灾害（如污染、火灾、海啸等）波及的地方。

（7）建筑结构选型

地震设防地区的建筑,其平面和立面布置宜规整,剖面不宜错层,并减少大悬挑和楼板开洞。在我国,地震烈度在 6 度及以上地区,建筑设计要考虑防震。

2.6.4 建筑结构安全

建筑工程设计时,要把握好结构设计使用年限(表 2.26)和建筑结构的安全等级(表2.27)。

表 2.26 建筑结构与使用年限之间的关系

类　别	使用年限	示　　例
1	5	临时性结构
2	25	易于替换的结构构件
3	50	普通房屋和构筑物
4	100	纪念性建筑和特别重要的建筑结构

表 2.27 建筑结构的安全等级

安全等级	破坏后果	建筑物类型
一级	很严重	重要的房屋
二级	严重	一般的房屋
三级	不严重	次要的房屋

2.7 案例分析

2.7.1 流水别墅

流水别墅(图 2.22)是现代建筑的杰作之一,它位于美国匹兹堡市郊区的熊溪河畔,由美国设计师赖特设计。别墅的室内空间处理也堪称典范,室内空间自由延伸,相互穿插;内外空间互相交融,浑然一体。流水别墅在空间的处理、体量的组合及与环境的结合上均取得了极大的成功,为有机建筑理论作了确切的注释,在现代建筑历史上占有重要地位。

流水别墅的成功之处在于建筑个体和周围自然环境的紧密结合。它轻盈的身姿跃立于流水之上,与那些悬挑出的平台交相辉映延伸到周围的空间里。材料主要运用当地的石材、木和砖等。这种取材方式既节省了建筑材料的成本,又有利于和周围的生态环境融为一体。

流水别墅可以称为 20 世纪世界建筑史上将建筑和环境完美结合的成功实例。这个建筑留给我们的并不仅仅是居住功能方面的思考,更诠释了建筑本身和建筑外环境的和谐统一的内涵。流水别墅的整体性正是通过建筑形式的完整性和周围环境的协调性来达到一种让人

图 2.22　流水别墅

心旷神怡的境界。在这里,总体和局部的相辅相成,材料和目标的本质相融合,展现了建筑在特定环境中与众不同的气质。建筑师依据地形和特有的自然条件构筑了与环境相得益彰的别墅,无不令人叹为观止。这正说明设计不是要改变自然生态环境,而是从人是自然的一部分考虑,回归自然,营造舒适的居住环境。中国传统造园手法中的"虽为人作,宛自天开"也印证了这一观念。

　　建筑可以成为自然的一部分,这是赖特的理念,也值得我们在设计中借鉴和学习。合理的建筑不会破坏自然的生态,反之会和自然完美地结合,形成新的美景。

2.7.2　悬空寺

　　悬空寺(图 2.23)位于山西省大同市浑源县恒山金龙峡西侧翠屏峰的峭壁间,素有"悬空寺,半天高,三根马尾空中吊"的俚语,以如临深渊的险峻而著称。悬空寺建成于 1400 年前北魏后期,是中国仅存的佛、道、儒三教合一的独特寺庙。

图 2.23　悬空寺

　　悬空寺修建在恒山金龙峡西侧翠屏峰的悬崖峭壁间,面朝恒山,背倚翠屏,上载危岩,下临深谷,楼阁悬空,结构巧奇。悬空寺共有殿阁四十间,利用力学原理半插飞梁为基,巧借岩石暗托,梁柱上下一体,廊栏左右相连,曲折出奇,虚实相生。

悬空寺的巧,完全体现在建寺时的因地制宜。建造者充分利用陡峭的自然岩壁,布置和建造寺庙各部分建筑,将一般寺庙平面建筑的布局、形制等建造在立体的空间中,山门、钟鼓楼、大殿、配殿等都有,设计非常巧妙。值得称"奇"的是,悬空寺处于深山峡谷的一个小盆地内,全身悬挂于石崖中间,石崖顶峰突出部分好像一把伞,使古寺免受雨水冲刷;山下的洪水泛滥时,寺庙也免于被淹;四周的大山也减少了阳光的照射时间。优越的地理位置是悬空寺能完好保存的重要原因之一。

2.7.3　石宝寨

石宝寨(图2.24)位于重庆忠县境内长江北岸的石宝镇,由玉印山山体及石宝寨建筑群两大部分组成,它因为特殊的自然景观与独具匠心的人文景观有机地融为一体,而成为长江沿岸一颗灿烂的明珠。

图2.24　石宝寨

石宝寨所处地区为川东平行岭谷区东缘,因受北东向川东褶皱束影响,岭谷多呈北东向相间排。此地区自新构造时期以来长期处于间歇性上升,并经构造剥蚀作用,形成多级夷平面,后期经水流侵蚀和多组构造裂隙卸荷作用影响,在缓倾厚层砂岩和泥岩出露地段形成玉印山这样的石坝和石台。这种以砂岩为帽盖的石台地貌,四周悬崖峭壁,山巅则平平如底。石宝寨巧妙地利用了这一特殊的地质地貌,依势构筑建筑,出奇制胜,成为特殊的景观风貌。

石宝寨建筑群各建筑物与其所倚的玉印山山体,是一个有机的整体,各项缺一不可。无玉印山,寨楼亦无存在的价值;无寨楼,山体亦无神韵,则峰顶的建筑也不易引人瞩目;无峰顶的天子殿,十二层高阁就孤单落寞;无奎星阁,则寨楼无凌空之势;连寨门和进寨通道及石坊都有极好的点景作用,也不可或缺。这种因地制宜的总体布局,灵活巧妙的建筑处理,是中国传统"天人合一"思想的最好体现。在这里,建筑与山体共同组成一幅如诗如画的图形,从群山怀抱的大"背景"中走出来,构成优美的风景画面,展示了先辈匠人的伟大创造力。

3

建筑的功能性与设计

※本章导读

通过本章学习,应较全面深刻地理解建筑的功能性的内涵;熟悉在设计时如何考虑满足使用者的需要,以及相关的设计要点。建筑的使用功能要求包括人在生理上、心理上、行为上的各种要求,对于设计来说,是最为基本的要求,必须保证这些需要能够很好地得到满足。

3.1 概 述

建筑设计的目的,是创造满足人们需要的内外部环境、建筑造型与内部空间,并确定各个空间的大小、形状等,以满足人们的各种需求。所以,建筑的功能性永远是第一位的,这是建筑设计的工作重点。

按照马斯洛(亚伯拉罕·哈罗德·马斯洛,美国社会心理学家、比较心理学家)的理论,人的需求由低到高,包括以下层次:生理需求,安全需求,社交需求,尊重需求,自我实现需求。当人的一个需求层次达到满足时,就会追求更高的层次。图3.1是马斯洛的人的需求层次理论模型图,这也是设计如何满足不同人群的不同需求的参考。

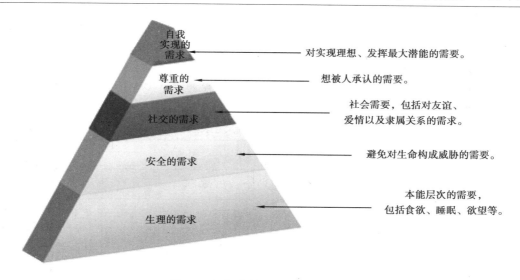

图 3.1 马斯洛的需求层次理论模型

3.2 建筑空间大小设计

空间大小的设计依据,主要与人体尺度以及人的各种使用要求有关,就是说与人及人群的活动需要、内部家具布置、设备和设施的布置有关。

①人体尺度。我国的人体尺度标准,可参照《中国成年人人体尺寸》(GB/T 10000—1988),见图 3.2(a),图片摘自中国建筑工业出版社《建筑设计资料集》。中国政府公布的《2010 年国民体质监测公报》显示,我国不同年龄段成年男子的平均身高为 1670~1710 mm,女子为 1558~1590 mm。另外,根据全球男性平均身高排行榜(2013 年数据),我国男子平均身高排名第 57,为 1.717 m,见图 3.2(b)。除身高外,其余的人体尺度(比如臂长),可以根据

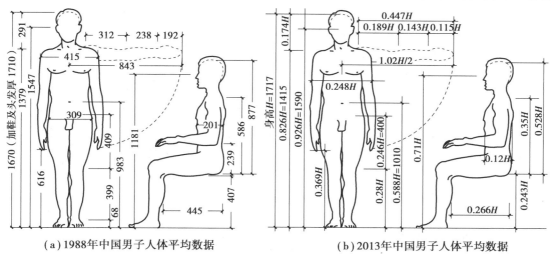

(a)1988年中国男子人体平均数据   (b)2013年中国男子人体平均数据

图 3.2 我国的男子人体尺度举例

其与身高的比例关系推算得出,供设计参考,例如设计座椅,就得知道人们的坐高,等等。

②人体活动空间,详见《工作空间人体尺寸》(GB/T 13547—1992)。

③室内活动的人数。

④室内的家具和设备布置要求,常用家具和设备的尺寸详见表3.1。

⑤室内物理环境的要求,如音质设计的要求。

表 3.1　常用家具尺寸表　　　　　　　　单位:mm

类　型	名　称	尺　寸				备　注
		长(正面宽)	宽(厚、深)	高	直径	
桌几	儿童桌	1050	580~600	桌面 370~520		桌下净高 300~450
	儿童椅	230~270	220~290	坐面 190~290		
	一般双人课桌	1200	400	700~730		2号3号课桌
	一般单人课桌	600	400	700~730		
	一般课桌座椅	≥360	400	400~420		2号3号座椅
	书桌	1200~1500	450~700	750		
	电脑桌	1400~1500	500~700	750		
	普通办公桌	1000~1400	550~700	750		传统办公桌
	经理办公桌	1800~2600	1600~2400	750~780		占地宽
	老板办公桌	2600~3600	1600~2400	750~780		占地宽
	L型OA办公桌	1500	1500	750		占地尺寸
	梳妆台	1000	400	1600		镜子高
	8人方形餐桌	1000~1100	1000~1100	750~790		
	8人条形餐桌	2250	850	750~790		
	6人条形餐桌	1500	900	750~790		
	6人圆餐桌	—	—	750~790	1000	桌面尺寸
	8人圆餐桌	—	—	750~790	1300	桌面尺寸
	10人圆餐桌	—	—	750~790	1500	桌面尺寸
	12人圆餐桌	—	—	750~790	1800	桌面尺寸
	条形茶几	1200~1600	600~800	380~500		
	圆形茶几	—	—	380~500	600~800	
	方形茶几	750~900	750~900	380~500		

续表

类　型	名　称	尺　寸				备　注
		长（正面宽）	宽（厚、深）	高	直径	
椅凳	方凳	250~300	250~300	420~450		
	圆凳	—	—	420~450	300	
	方餐椅	400~450	400~450	800~900		靠背高
	躺椅	600~800	600~800	800~900		靠背高
	OA办公椅	520~600	530~650	900~1000		靠背高
	大班椅	700	760	1200		靠背高
沙发	单人沙发	680~860	800~900	坐面高350~420		靠背高750~820
	双人沙发	1300~1500	800~900	坐面高350~420		靠背高750~820
	三人沙发	1750~1960	800~900	坐面高350~420		靠背高750~820
	四人沙发	2320~2520	800~900	坐面高350~420		靠背高750~820
床	学龄前儿童床	900~1400	600~900	200~440		铺面高
	单人床	1900~2100	800~1200	400~500		铺面高
	双人床	1900~2100	1350~1800	400~500		铺面高
	上下铺单人床	1900~2100	800~900	下铺面高<420		上铺面高1500
	普通双摇病床	2070~2170	870~9070	铺面高450~550		
	理疗按摩床	1900	700	650		
柜	床头柜	400~600	400~450	400~600		
	双门衣柜	800~1200	550~600	2000~2400		平开门或滑拉门
	三门衣柜	1200~1500	550~600	2000~2400		平开门或滑拉门
	四门衣柜	2050	550~600	2000~2400		平开门或滑拉门
	鞋柜	950~1500	320	1000		
	电视柜	≤2400	450~600	450~700		
	成品文件柜	900	390	1800		
	单元式书柜	400~800	300~400	1900~2300		长度可拼接加大
	商场货柜	1000~1500	500~600	950~1000		商场用
	成品货架	900	300~320	1800		单元尺寸

续表

类　型	名　称	尺　寸				备　注
		长(正面宽)	宽(厚、深)	高	直径	
厨卫	适用家用灶台	≥4000	600	700		总长,含电炊具位置
	并列小便斗	600	650			
	厕位	≥850	1200	隔板净高≥900		
	淋浴	1000	1200	隔板高1800		
	洗面台	≥900	≥500	800~850		
	并列水嘴中距	700				
	浴盆	1500~1700	750~800	450		

3.3　建筑主要空间设计

1)平面大小的确定

单一空间平面大小的确定,应满足使用要求和布置需要,并遵循或参照国家标准或行业标准的指标。

例如星级宾馆(旅游饭店)的标准间,其房间大小尺寸应能满足人体尺度、人的活动所需空间以及家具和设备布置安装的空间要求,同时还应满足国家标准《旅游饭店星级的划分与评定》(GB/T 14308—2003)的规定。如果是四星级饭店,该标准明确要求"70%客房的面积(不含卫生间)不小于 20 m^2",见图 3.3(a)。

又如中小学普通教室大小的设计,既要考虑单个学生的身体尺寸以及所用家具占用空间大小,又要考虑一个班的人数和通道宽度等,还要满足教学使用方面的要求,以及保护学生的视力等要求,见图 3.3(b)。

再如住宅建筑设计,各房间的大小应满足布置必要家具和方便使用的要求,见图 3.4(a);厨房设计要满足各种厨具和设备的布置和炊事操作的需要,见图 3.4(b);卫生间的大小应能满足干湿分区和必要的卫生洁具的布置和使用要求,见图 3.4(c)。

有的单一空间要求空间的尺度不宜过大,例如视听空间的观众厅,最后一排观众的视距(观众眼睛到设计视点的实际距离)不宜大于 33 m,否则将看不清演员的面部表情,因此,空间的长度就受限。所谓设计视点,是国家标准规定的、每个观众都应看到的那一点,在剧场中,就是大厅中轴线、舞台大幕和舞台面相交的那一点,在电影院里,就是银幕下端的中点。

从经济角度说,建筑空间的大小足够使用就好,不宜过大。对于各种民用建筑设计,相关

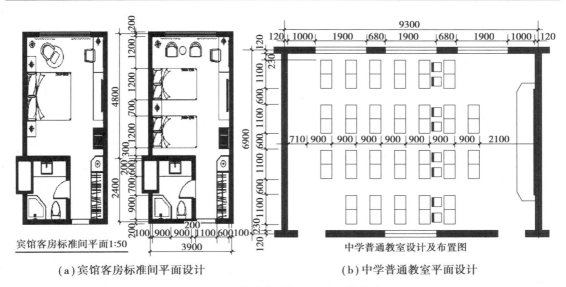

（a）宾馆客房标准间平面设计　　　　　　（b）中学普通教室平面设计

图 3.3　公共建筑房间平面大小的确定

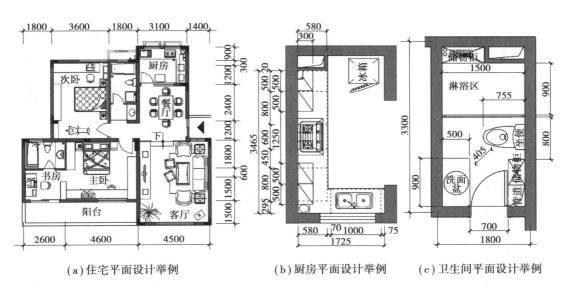

（a）住宅平面设计举例　　　　（b）厨房平面设计举例　　　　（c）卫生间平面设计举例

图 3.4　居住建筑房间平面大小的确定

国家标准都给出了不同房间面积的强制或参考指标,设计时应作为重要依据。

2）空间高度设计

供人使用的房间,最低净高不小于 2.4 m。一些房间净高还需考虑使用的要求,例如设置有双层床或高架床家具的学生宿舍,层高不应低于 3.6 m;一些公共建筑的层高,要考虑在集中空调、自动喷淋系统等安装到位及装修后的净高不能低于 2.4 m,个别局部空间高度不低于2.2 m;一些对室内音质要求较高的空间,要考虑音质设计对空间容积的要求,并据此来确定空间高度。大量性建筑的常用层高或净高,详见表 3.2。

表 3.2　建筑的常用层高或净高尺寸

建筑类型	有关标准/m		常用数据/m		有关标准
	层高	净高	层高	净高	
住宅	≥2.8	≥2.4	3		GB 50096—1999（2003 年版）
宿舍	≥2.8	≥2.6	3		常用单层床，JGJ 36—2005
	≥3.6	≥3.4	3.6		常用双层床，JGJ 36—2005
普通中小学教室	3.1	≥3.6	3.1		GB 50099—2011
普通办公楼		≥2.5~2.7	3		JGJ 67—2006
医院		≥2.6	3		诊查室，JGJ 49—88
		≥2.8	3		病房，JGJ 49—88
旅馆客房		≥2.4	3		设空调，JGJ 62—1990
		≥2.6	3		不设空调，JGJ 62—1990
公共餐厅		≥2.6	3		小餐厅，JGJ 64—89
		≥3.0	≥3.6		大餐厅，JGJ 64—89
一般商场		≥3.0	≥3.6		自然通风，JGJ 48—88
		≥3.2	≥4.2		系统空调，JGJ 48—88

3.4　建筑次要空间设计

3.4.1　公共卫生间设计

民用建筑内部都要设置公共卫生间，不同场所的公共卫生间在卫生洁具数量上有差别。

集中使用的（如中小学教学楼的学生厕所），针对男生应至少为每 40 人设 1 个大便器或 1.20 m 长大便槽，每 20 人设 1 个小便斗或 0.60 m 长小便槽；针对女生应至少为每 13 人设 1 个大便器或 1.20 m 长大便槽，详见《中小学校设计规范》（GB 50099—2011）。

非集中使用的（如图书馆的卫生间），成人男厕按每 60 人设大便器一具，每 30 人设小便斗一具；成人女厕按每 30 人设大便器一具；儿童男厕按每 50 人设大便器一具、小便器两具；儿童女厕按每 25 人设大便器一具。营业性餐厅，每 100 座设置一个洁具。

公共卫生间一般除设置大小便器外，还应设置洗手盆，并设置做建筑内部清洁时所需的取水点和拖布池，见图 3.5。厕所和浴室隔间的相关尺寸大小，详见表 3.3。

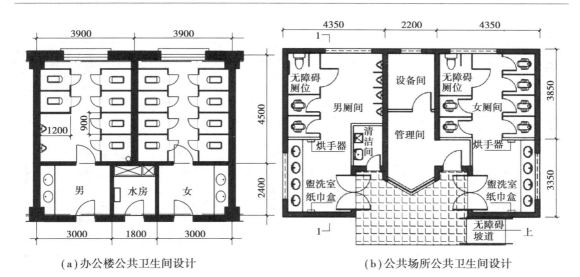

（a）办公楼公共卫生间设计　　　　　　（b）公共场所公共卫生间设计

图 3.5　公共卫生间平面设计

表 3.3　厕所和浴室隔间平面尺寸

类　别	平面尺寸（宽度 mm×深度 mm）	备　注
外开门的厕所隔间	900×1200	
内开门的厕所隔间	900×1400	
医院患者专用厕所隔间	1100×1400	
无障碍厕所隔间	1400×1800	改建用 1000×2000
外开门淋浴隔间	1000×1200	
内设更衣凳的淋浴隔间	1000×（1000+600）	
无障碍专用浴室隔间	盆浴 2000×2250	门扇向外开启
	淋浴 1500×2350	门扇向外开启

3.4.2　门厅设计

门厅的主要作用是组织和集散人流,展示建筑的特点,其面积大小一般根据建筑的使用特点和使用人数决定,设计可以参考和依据相关标准。例如,一个星级饭店的大堂设计,可依据《旅游饭店星级的划分与评定》（GB/T 14308—2010）等;电影院门厅和休息厅合计使用面积指标,按照行业标准《电影院建筑设计规范》（JGJ 58—2008）规定,特、甲级电影院不应小于 0.50 m²/座,乙级电影院不应小于 0.30 m²/座,丙级电影院不应小于 0.10 m²/座;图书馆门厅的使用面积可按每阅览座位 0.05 m² 计算等。

门厅设计时,要避免各种人流发生交叉、迂回或不易找到方向。一些特殊情况会使人群在这里发生拥挤,因此需有足够的空间应付。某星级宾馆门厅设计见图 3.6。

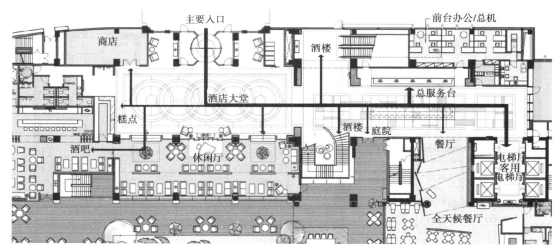

图 3.6　某星级宾馆大堂

3.4.3　交通空间设计

　　交通空间主要用于满足人流和物流进出通过需要,满足安全疏散的需要。交通空间包括各种组织交通的大厅(门厅和过厅等)、走道(内廊和外廊等)、楼梯间等,设计时既要考虑满足使用需要,不宜太小,也要考虑减少不必要的面积浪费,不应太多。

　　走道宽度要能满足来往人流股数的使用,每股人流宽度按照 600 mm 考虑,半股(侧身)人流宽按照 300 mm 考虑。如按照规范,中小学校建筑的疏散通道宽度最少应为 2 股人流,并应按 0.60 m 的整数倍增加通道宽度。

　　①住宅的走道:通往卧室、起居室的走道净宽不宜小于 1000 mm,通往辅助用房的不应小于 800 mm。

　　②中小学校的走道:据《中小学校设计规范》(GB 50099—2011),教学用房采用中间走道时,净宽不应小于 2400 mm;采用单面走道或外廊时,净宽不应小于 1800 mm。

　　③办公建筑的内部走道净宽:据《办公建筑设计规范》(2006 版),走道长度≤40 m,单面有房间时不小于 1300 mm;双面有房间时不小于 1500 mm;大于 40 m 时,分别为不小于1500 mm和 1800 mm。

　　④医院的走道:利用走道单侧候诊时,走道的净宽不应小于 2100 mm;两侧候诊时,净宽不应小于 2700 mm;通行推床的走道净宽不应小于 2100 mm;走道宽度还应该考虑大型家具和设备的进出,以及安全疏散需要。

3.4.4　楼梯间设计

　　楼梯是楼层间的垂直交通,是建筑的重要组成部分,其设计既要充分考虑其造型美观,人流通行顺畅、行走舒适,又要考虑满足消防疏散和安全要求,还应满足施工和经济条件的要求。

1)楼梯的分类

　　楼梯一般由梯段、平台、栏杆扶手组成。不同的建筑类型,对楼梯性能的要求不同,楼梯具体的形式也不一样。

按照楼梯形式分类,常见的形式有平行单跑、平行多跑、平行双跑、平行双分双合、折行多跑、螺旋形楼梯、弧形楼梯等。根据建筑防火疏散的要求,楼梯与交通空间所需的开放封闭程度也有所不同,又可分为敞开楼梯间、封闭楼梯间和防烟楼梯间,见表3.4。

表 3.4 敞开楼梯间、封闭楼梯间和防烟楼梯间的区别

		敞开楼梯间	封闭楼梯间	防烟楼梯间
定义		由墙体等围护构件构成的无封闭防烟功能,且与其他使用空间相通的楼梯间	在楼梯入口处设置门,以防止火灾的烟和热气进入的楼梯间	在楼梯间入口处设置防烟的前室、开敞式阳台或凹廊(统称前室)等设施,且通向前室和楼梯间的门均为防火门,以防止火灾的烟和热气进入的楼梯间
设置条件	公共建筑	除去必须使用封闭楼梯间和防烟楼梯间的情况,均可用敞开楼梯间	裙房和建筑高度不大于32 m的二类高层公共建筑;医疗、旅馆、公寓、老年人建筑,歌舞娱乐游艺类建筑,商店、图书馆、展览、会议,6层及以上的建筑	一类高层公共建筑和高度大于32 m的二类高层公共建筑
	居住建筑	高度不大于21 m	与电梯井相邻布置的疏散楼梯;高度大于21 m、不大于33 m的住宅建筑	高度大于33 m的住宅建筑;因分散布置有困难而采用剪刀楼梯

注:①摘自《建筑设计防火规范》(GB 50016—2014)。
　　②剪刀楼梯是指在同一楼梯间内设置一对相互交叠,又互不相同的两个楼梯,具有两条垂直方向疏散通道的功能。其梯段之间设有耐火极限不低于1 h的实体隔墙。

2)楼梯的消防疏散

一栋建筑的楼梯数量和大小设置,应能提供足够的通行宽度,能够满足消防疏散的能力,楼梯间的位置应醒目易找,并应有直接的采光和自然通风。楼梯间的门应开向人流疏散方向,底层应有直接对外的出口;当底层楼梯需要经过大厅而到达出口时,楼梯间距出口处不得大于消防疏散距离。

3)楼梯的尺度

楼梯的尺度设计应满足人们的日常使用,在保证功能的前提下,应尽量满足人们对舒适度的需求,涉及的数据主要包括踏步尺度、平台尺度、扶手栏杆尺度、净空高度。

(1)踏步尺度

踏步的高宽比应根据人流行走的舒适、安全和楼梯间的尺度、面积等因素进行综合权衡,见表3.5。常用的坡度为1∶2左右,人流量大时,安全要求的楼梯坡度应该平缓一些,反之则可陡一些,以节约楼梯间面积。

表 3.5 楼梯踏步最小宽度和最大高度

楼梯类别	最小宽度/mm	最大高度/mm
住宅共用楼梯	260	175
幼儿园、小学校等的楼梯	260	150
电影院、剧场、体育馆、商场、医院、旅馆和大中学校等的楼梯	280	160
其他建筑楼梯	260	170
专用疏散楼梯	250	180
服务楼梯、建筑套内楼梯	220	200

注:摘自《民用建筑设计统一标准》(GB 50352—2019)。

在大多数公共建筑内部,主要楼梯一般采用30°坡,踏步的踏面宽(B)为 300 mm,踢面高(H)为 150 mm,使得 $B+2H=600$ mm。

(2)平台尺度

梯段改变方向时,扶手转向端处的平台最小宽度不应小于梯段宽度,并不得小于 1.20 m,当有搬运大型物件需要时还应适量加宽。

(3)扶手栏杆尺度

梯段栏杆扶手高度应从踏步中心点垂直量至扶手顶面。其高度根据人体重心高度和楼梯坡度大小等因素确定,一般不小于 1050 mm(临空高度在 24 m 及以上时,高度不应低于 1.10 m)。

供特定人群使用的楼梯在扶手设置上还有其他的要求,比如幼儿园、中小学等儿童专用活动场所的栏杆,其杆件净距不应大于 0.11 m,还应在 500~600 mm 高度增设扶手。

(4)净空高度

楼梯各部位的净空高度,应保证人流通行和家具搬运,一般要求不小于 2000 mm,梯段范围内净空高度宜大于 2200 mm。当在平行双跑楼梯底层中间平台下设置通道时,为保证平台下净高满足通行要求,一般采用长短跑或降低楼梯间入口处地面标高等方式。

3.4.5 电梯和自动扶梯设计

电梯、自动扶梯与楼梯一样,也承担垂直交通的功能,是建筑的重要组成部分。但不同于楼梯,由于其机械设备的复杂性和安全性,不宜用作安全疏散设施。

电梯和自动扶梯的设计既要充分考虑数量设置和位置布置的合理性,使人流通行顺畅高效,又要考虑在尺度和空间上满足不同人群(比如残疾人、老年人、病人等)的使用需求,同时还应满足施工和经济条件的要求。

1)电梯

(1)设置条件和数量

根据《住宅建筑设计规范》及《建筑设计防火规范》,7层以及 7 层以上的住宅或住户入口层楼面距室外设计地面的高度超过 16 m 以上的住宅必须设置电梯。以电梯为主要垂直交通的高层公共建筑和 12 层及 12 层以上的高层住宅,每栋楼设置电梯的台数不应少于 2 台。建筑物每个服务区单侧排列的电梯不宜超过 4 台,双侧排列的电梯不宜超过 2×4 台。

（2）分类

按照使用性质来分,可以分成客梯、医梯、货梯、消防电梯。

按照行驶速度来分,则可以分为高速电梯、中速电梯、低速电梯。

（3）组成

从空间结构看,完整的电梯间一般由电梯机房、井道、井道地坑和电梯的有关部件组成。

（4）尺度

电梯厅大小的设计应考虑到人群集散的需求,电梯候梯厅尺度应当符合表 3.6 的规定,并不得小于 1.50 m。

表 3.6　电梯候梯厅尺度

电梯类别	布置方式	候梯厅深度
住宅电梯	单台	$\geq B$
	多台单侧排列	$\geq B_1$
	多台双侧排列	$\geq$ 相对电梯 B_1 之和,并 <3.50 m
公共建筑电梯	单台	$\geq 1.5B$
	多台单侧排列	$\geq 1.5B_1$,当电梯群为 4 台时应 ≥ 2.40 m
	多台双侧排列	$\geq$ 相对电梯 B_1 之和,并 <4.50 m
病床电梯	单台	$\geq 1.5B$
	多台单侧排列	$\geq 1.5B_1$
	多台双侧排列	$\geq$ 相对电梯 B_1 之和

注:①摘自《民用建筑设计统一标准》(GB 50352—2019);

　　②B 为轿厢深度,B_1 为电梯群中最大轿厢深度。

2）自动扶梯

（1）分类

按照平面形式来分,自动扶梯分为平行排列式、交叉排列式、连贯排列式和集中交叉式。

（2）设计要求

①自动扶梯不得计作安全出口,其出入口畅通区的宽度不应小于 2.50 m,畅通区有密集人流穿行需求时,其宽度还应加大。

②自动扶梯的梯级上空,垂直净高不应小于 2.30 m。

③自动扶梯倾斜角不应超过 30°,当提升高度不超过 6 m、额定速度不超过 0.5 m/s 时,倾斜角允许增至 35°;倾斜式自动人行道的倾斜角不应超过 12°。

④自动扶梯和层间相通的自动人行道单向设置时,应就近布置相匹配的楼梯。

3.5 建筑平面形态设计

建筑平面是建筑功能的基础和载体,也是体现建筑立面、空间、形象的基础。

3.5.1 建筑平面的形态构成

建筑平面的形态构成能够给使用者带来不同的心理感受。建筑平面形态是由点、线、面等二维基本元素系统构成的,通常有以下几种类型。

(1)基本几何形态

基本几何形态是建筑平面中最为简单和单纯的形态,而且逻辑性强,包括三角形态、矩形形态、圆形形态等,例如福建客家土楼就是圆形平面形态。基本几何形态的周围,通常都由墙体包围,只留下可供通气透风的小门和小窗,一般没有与外界联系的通道,即体现出封闭和自成一体的基本特征。如福建客家土楼的这种建筑平面形态,其象征意义就是内部团结和抵御外族。

(2)基本几何原形的变形组合

在应用多种基本几何原形的基础上,可以扭曲、旋转、倾斜等方式,将这些基本几何原形进行重新组合,以体现出更加丰富的平台形态。例如西班牙巴塞罗那的米拉公寓、巴西的大教堂巴西利亚、迪拜阿联酋的旋转塔等,用卷曲、外翻等手法,将建筑物本身的主题语言表达出来。

(3)基本几何原形的分割重组

利用各个几何原形的引力、平行、交错等关系,还可塑造出更多丰富表情和齐全功能的平面空间。例如马里奥·博塔的斯塔比奥圆房子,在几何原形的平面上方,设置了一条"裂缝",将光线引入建筑内部,表现出该建筑的独立性,又不会与周围的建筑物脱离联系。

3.5.2 建筑平面形态的构思手法

建筑平面形态设计离不开功能需求的满足和艺术形态的展现,在构思如何设计形态时,要从各个角度展开深入研究,方可体现出设计的全面性和独特性。形态设计的构思手法建议如下:

1)形态设计中融入功能需求

建筑平面形态设计应该是艺术与实用功能相结合。建筑平面设计师最常用的形态设计方法是,从建筑物的工程需求角度出发,进而构思建筑平面的创意,将功能需求融入形态设计当中,避免在体现出平面创意的同时,无法全部实现建筑的功能。例如美国纽约的古根海姆博物馆,建筑师费兰克·劳埃德·赖特在结合博物馆人流线路需求功能的基础上,打破了传统博物馆平行正交的建筑平面形态,用弯曲的螺旋平面形态,将展品布置在螺旋形态的墙壁之上,给人一种耳目一新的观赏模式。费兰克·劳埃德·赖特还将线面的向心性和离心性在同一个平面中有机统一起来,在以螺旋式上升平面形态形成的同时,塑造了螺旋式展览的内部功能,自然地将平面形态和功能融为一体。很多后现代的建筑平面设计师,都从古根海姆博物馆获得了设计的灵感,不仅展现出建筑平面形态的艺术性,而且借助艺术性的形态,更加科学合理地突出实用性功能。

2）形态设计中融入传统符号

所谓的传统符号，是指建筑物所在地的历史和文化内涵。建筑物形态设计所强调的性格特征塑造中，传统符号就是一个重要元素，建立在历史和文化内涵的基础之上，建筑物的形态设计的性格特征才会越发明显。例如在印度，建筑设计师查尔斯·柯里亚考察了博帕尔邦周围的历史人文环境，发现其周边除了自然条件优越，拥有天然的湖泊和青山外，还坐落着很多穆斯林建筑物，桑奇佛塔就是其中之一。查尔斯·柯里亚从中获得了灵感，在对博帕尔邦形态设计的时候，提取了古印度和伊斯兰文化曼荼罗图案的传统符号元素，获得了九宫格形式的平面设计灵感。他以圆形作为建筑平面的基本形态，然后将建筑物划分为厅堂、庭院、下议院、下议院、图书馆和综合厅等，其中前两者形成十字形平面，后四者安置在十字形的各个角落当中，并安置了三条互不交叉的行进路线，行走其中都能够体会伊斯兰建筑物的传统符号艺术魅力，无论从哪个角度看，都能体会古印度的宇宙观和宗教观，因此成就了博帕尔邦在印度乃至世界最具象征意义平面形态设计的地位，使它成为印度和伊斯兰建筑物当中不可多得的一朵建筑奇葩。

3）形态设计中融入心理感受

建筑平面形态设计的效果不仅仅是为了视觉享受，还需要在刺激视觉器官的同时，将形态设计的内涵传递到观看者的内心。也就是说，我们常见的建筑物扭曲形态，并非天马行空的设计，而是为了达到某种内心的震撼效果。例如日本的真言宗本福寺水御堂，设计师安藤忠雄希望创造出感性的并融入现代技术的寺庙场所，他认为印度佛教"水生莲花"，而"莲花"是释迦牟尼开悟的象征，给人一种看见极乐净土的心理感受，因此有必要将御堂建在莲花池下面，以体现诸佛与众生的包容。后来他在某高僧的极力支持下，最终完成了水御堂的设计，从形式构造、空间布置、材料选择方面，都直接跨越传统木造寺庙结构的固定思维。真言宗本福寺水御堂的平面形态，是将庙堂的大厅安置在地面以下，其上是种满浮莲的水池，参观者沿着楼梯而下，置身于莲花之下，会感到与莲花池融为一体，产生洗脱凡尘的空灵感。

3.5.3　建筑平面形态设计的具体方法

建筑平面形态设计的基本概念元素是点、线、面、块，视觉元素则包括位置、形态、肌理、方向、色彩、大小等。建筑平面形态设计就是将概念元素和视觉元素进行巧妙结合，形成全新的形态设计产品。例如，点作为平面形态设计的最小元素，各点要素的有序排列就能够形成几何形体，而散落的各点要素疏密有致、大小相间和高低错落，能够促成非规律型的形态。另外，点在位置方面的处理是端点和节点，起到呼应、联系和点缀的作用，如建筑的窗洞、阳台、雨篷、入口等。再如，线直接决定建筑物的形象，引导建筑的方向，并分割建筑物的平面框架。线丰富了建筑物的肢体语言，如柱子、檐口、屋脊、栏杆等，会产生垂直、水平和倾斜等视觉感受，也有建筑设计师利用曲线的柔性美和弹性美，优化建筑物形态的韵律感，丰富建筑物的造型语汇，创造出动感及力度感强烈的建筑形态。在以上点和线的例子当中，可以看出基本概念元素和视觉形态共存的必要性，建筑设计师通常会在列出形态、色彩、肌理、位置、大小、方向形式的基础上，从设计的形态中确定概念元素排列的秩序。

3.5.4 建筑平面形态设计其他要求

①除考虑满足使用要求和布置需要外,还应满足室内环境的视听要求、建筑艺术的要求等。例如音质要求较高的厅堂,为避免声缺陷,都尽量避免出现平行的界面,避免出现矩形平面和剖面,见图 3.7 和图 3.8。

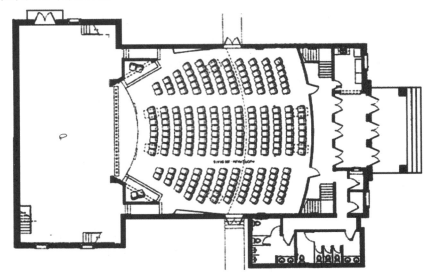

图 3.7　剧场平面图

②设计尺寸应尽量符合建筑模数,从而使其易于建造,节省造价。例如贝聿铭设计的美国国家美术馆东馆,虽然造型复杂、空间多变,由于是依据 1 个三角形网格的模数系统设计,因此还是易于设计和施工的,见图 3.9。

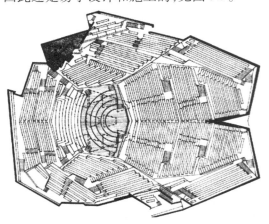

图 3.8　音乐厅平面图

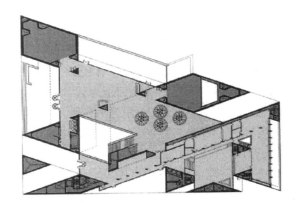

图 3.9　美国国家美术馆东馆平面图

③满足艺术效果的需要。

3.6 建筑剖面设计

建筑剖面设计要点如下：

①大小应满足使用要求和室内环境要求。例如，走道的空间高度最低不能小于 2.2 m，而且仅限于局部。空间的容积直接影响室内音质，因此视听效果要求高的场所，空间高度的确定不能随意。悉尼歌剧院，从建筑艺术创作角度讲，是一个广受赞许的杰作，但从建筑空间营造及建造经济性的角度讲，却难以效仿，其建筑外壳施工难度大，造价高（见图 3.10）。

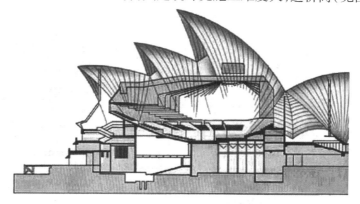

图 3.10　悉尼歌剧院剖面示意图

②照顾艺术效果和心理感受，空间高度应不会使人感到压抑。

③易于建造，同时考虑容积大小应适度。

④剖面高度满足要求。剖面的高度有两个概念，即建筑的层高和净高。层高是指楼层之间的高差，即下层的楼地面的表面到上层楼面或屋顶表面的高度；净高是指下层楼地面到上层梁底或楼板底或吊顶底部的高度，如图 3.11、图 3.12 所示。剖面高度的确定主要应满足使用要求（包括心理层面的）。

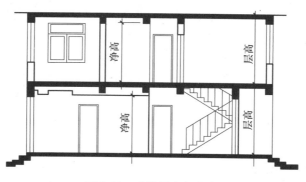

图 3.11　建筑层高与净高

⑤剖面形状要求。剖面形状的确定要考虑与场地的关系（见图 3.13）、空间的变化、使用需要，以及声学等要求（见图 3.14）。

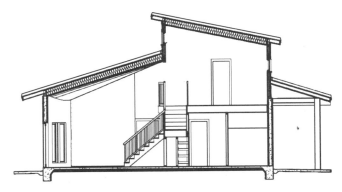

图 3.12　与使用功能有关的剖面设计

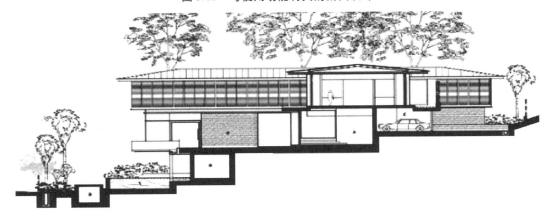

图 3.13　与场地有关的剖面设计

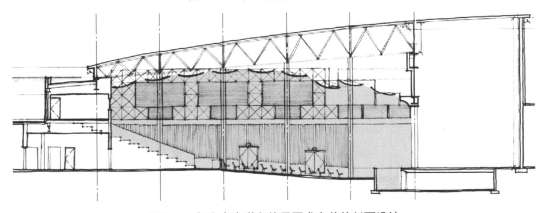

图 3.14　与室内声学和使用要求有关的剖面设计

3.7　建筑造型与空间

　　建筑是造型和空间的艺术,建筑设计在艺术创作方面,其空间塑造与建筑造型是最为重要的内容。建筑内部空间以矩形居多,常见的还有其他一些类型的空间形状。大多数单体建筑的内部空间与外部形状是统一的,设计时应选择合适的类型。

①矩形空间。矩形空间最常见,它便于围合,界面易于施工,且便于众多空间的组合和便于室内布置。

②圆柱形空间。其特点是空间感、场域感强,小的圆柱形空间不便于布置,易于形成声、光的聚焦,见图3.15。

③穹窿形空间。其特点是空间感、场域感强,造型新颖但不易围合,易于形成声、光的聚焦,见图3.16。

图3.15　圆柱形大厅空间图　　　　　图3.16　穹窿形空间图

④曲面空间。是指围合几何空间的界面中,有一个以上的界面为曲面的空间。它由动与静两种特征构成,空间生动,见图3.17。

⑤锥形空间。包括棱锥形空间和圆锥形空间。圆锥形空间有圆柱形空间的特点,且更富于变化,见图3.18。

图3.17　曲面空间　　　　　　　　图3.18　锥形空间图

⑥多边形空间。大多有向心力,较圆柱形易于围合,但界面不如圆柱形柔和。这一类空间是由多个平直面构成的,便于室内布置和空间围合,见图3.19。

⑦管状空间。是指长度远大于其他尺度的空间,如走廊等。管状空间导向性强,有期待感,也会呈现出各种变化或不同的组合。管状空间往往与交通线结合,成为联系其他不同空间的纽带,见图3.20。

⑧不规则形空间。由不规则的界面围合,给人新颖的感觉,室内布置灵活,但不易进行围合,见图3.21。

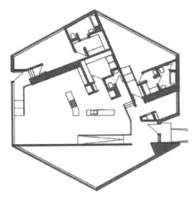

图 3.19　多边形空间

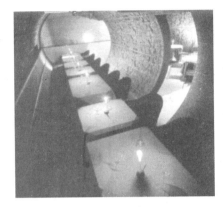

图 3.20　管状空间图

⑨模糊空间。模糊性空间有着空间界定的不确定性、空间的功能多义性、空间感受的含蓄性等特征,常指由于围合空间的界面形状和位置含糊和不确定,导致空间形状不确定的类型,见图 3.22。

图 3.21　不规则形空间图

图 3.22　模糊空间

⑩组合型空间。两种以上前面列举空间形式的组合体即为组合型空间,见图 3.23。

(a)矩形与四棱台的组合

(b)圆柱形与圆锥形的组合

图 3.23　组合形空间

3.8　空间组合设计

　　建筑物通常是由众多空间组成的,采取合适的方式来组合这些空间,才能满足使用的要求,同时呈现出不同的空间效果,给人不同的审美体验。

1）常用组合方式

　　①大厅式组合:以一个大空间作为纽带,将众多空间组合在一起,见图3.24。

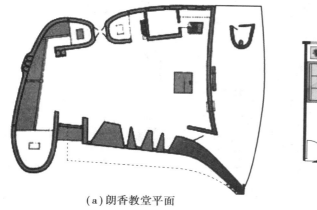

　　（a）朗香教堂平面　　　　　　（b）以客厅联系众多房间的住宅

图3.24　大厅式组合

　　②穿套:若干空间相互沟通,不需要专门的走道就组合成整体,在博览建筑中常见,见图3.25。

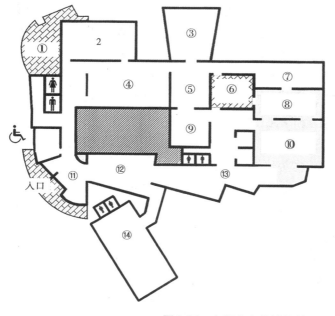

①露台
②库房
③蜡像展厅
④早期家庭生活展厅
⑤毕加索蓝色时期展厅
⑥内庭院
⑦晚期展厅
⑧特殊展厅
⑨毕加索玫瑰时期展厅
⑩特殊展厅
⑪大厅
⑫小吃店
⑬阳台
⑭IMAX影院

图3.25　空间穿套的博物馆

③重置:就是大空间套小空间的方式,见图3.26。

图3.26　空间重置

④并列:众多空间不分主次,以走道连接,组合成整体,见图3.27。

⑤叠加:众多空间上下重叠组合,见图3.28。

⑥混合组合:是上述组合方式的综合运用,用以组织众多的空间,形成建筑物。

2)空间序列设计

众多空间的组合设计,除满足使用要求外,还应考虑在人们经历这一系列空间后,能够获得怎样的体验和总体的印象。建筑师对此的考虑和采取相应的设计方法,就是空间序列设计。空间序列设计追求的是空间与时间,即所谓四维空间的艺术效果。

空间序列设计要求围绕一个主题和特点来组织众多空间,在时间和空间的安排上,应突出主题并有跌宕起伏的丰富变化,且形成这么一种程式,即这个序列应具备起始阶段(点题)、过渡阶段(铺垫)、艺术高潮(强化)和结尾(回味)。

空间在布置的过程中,应注意综合考虑其在实际使用过程中的最优组合方式,例如,各种学校使用功能分区及布置方案的优劣势比较,见图3.29。

又如古代埃及的金字塔(图3.30),本是供人们安葬和祭奠故去的法老的纪念性建筑,其整个空间序列由河谷神庙、甬道、停尸神庙和金字塔组成。河谷神庙是整个序列的开始,祭师们在这里处理法老的尸体,为葬礼做准备;甬道又黑又长,作为葬礼的过渡,象征通往冥界之路;经过长时间在黑暗中的摸索,人们好不容易到达停尸神庙,这时眼前豁然一亮,满是蓝天白云和魏峨的金字塔!这种光线明暗对比以及空间大小对比,给人以强烈的震撼,达到了空间序列的艺术高潮,仿佛告知人们,就是在冥界,法老也是至高无上的统治者,而且,他还会重返人间。这一切都是在为树立法老至高无上的权威服务。

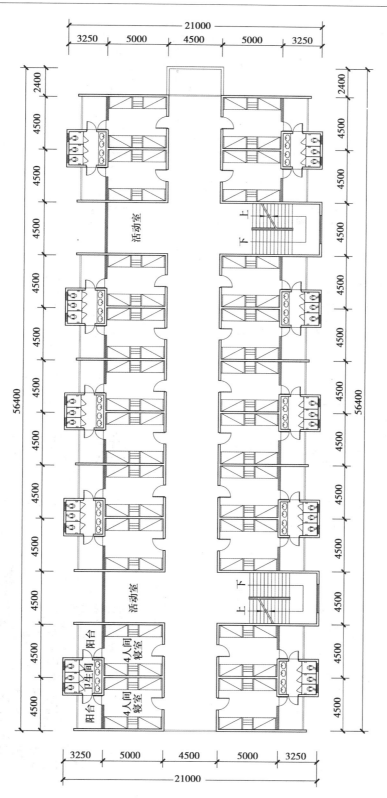

图3.27　空间并列

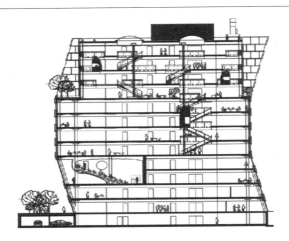

图 3.28　空间叠加

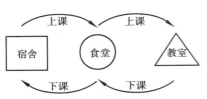

"一"字形布置，路程=4，交通短，关系刻板

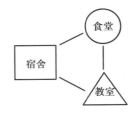

等边三角形布置，交通短，关系灵活

"一"字形布置，路程=6，交通长，关系刻板

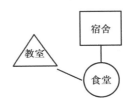

空间组合布置，交通短，关系灵活

图 3.29　学校使用功能分区及布置方案优劣势比较

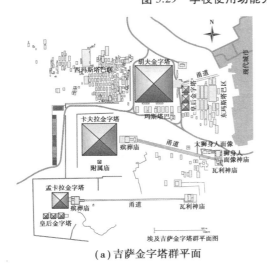

（a）吉萨金字塔群平面

（b）金字塔空间序列透视

图 3.30　吉萨金字塔群

　　再如北京紫禁城的空间序列（图3.31），太和殿就是重点和艺术高潮。从金水桥到天安门的空间较逼仄，过天安门又显开敞，端门至午门，空间深远狭长，到午门的门洞，空间再度收束。过午门穿过太和门，到了太和殿前院，这时空间豁然开朗，蓝天白云和庄严雄伟的太和殿展现眼前，形成了空间艺术的高潮。

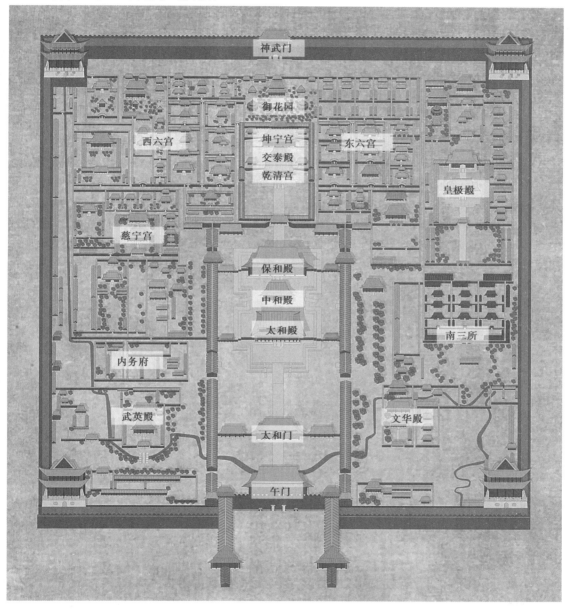

图3.31　北京故宫空间序列

3.9　门窗设计

门窗是建筑的重要组成构件,它对建筑的使用功能和外观影响很大。

我国现代建筑门窗是 20 世纪发展起来的,按门窗的材质来区分,大致可分为木门窗时代、钢门窗时代、铝门窗时代和塑料门窗时代。在我国南方冬暖夏热的地区节约空调制冷能源消耗,以及在北方节约采暖供热能源消耗等,将作为门窗节能技术开发的目标。

3.9.1　门窗的类型与尺度

1)门窗的作用

门窗是建筑内外联系的主要途径,在抗风压、阻止冷风渗透、防止雨水渗透、保温、隔热、隔声和采光等方面都有相应的要求。在不同气候的地区和不同季节,门窗可起到利用或阻止环境因素作用,可满足人对房间的建筑物理环境、卫生、气温、心理和安全等多方面的需求。

门在房屋建筑中的作用主要是交通联系,并兼采光和通风;窗的作用主要是采光、通风及眺望。门窗均属建筑的围护构件,其尺寸大小、位置、高度和开启方式等,都是影响建筑使用功能的重要因素。门窗的比例尺度、形状、数量、组合方式、位置、材质和色彩等也是影响建筑视觉效果的因素之一。古今门窗效果对比如图 3.32 所示。

（a）古代建筑的门窗　　　　　　　　　　（b）现代建筑的门窗

图 3.32　古今门窗实例

2)门窗的设计要求

①满足使用的要求、采光和通风的要求,以及防风雨、保温隔热的要求。

②满足建筑视觉效果的要求。

③适应建筑工业化生产的要求。

④其他要求:坚固耐久、灵活,便于清洗维修。

3.9.2　常用门的类型与尺度

常用门的开启方式见图 3.33。

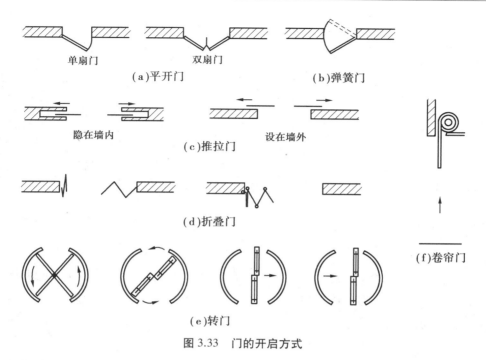

图 3.33 门的开启方式

1)门的类型

门按在建筑物中所处的位置可分为内门和外门;按开启方式可分为平开门、弹簧门、推拉门、折叠门、转门、卷帘门和感应门等;按材料可分为木门、铝合金门、塑钢门、彩板门、玻璃钢门和钢门等;按用途可分为防火门、隔声门、保温门、屏蔽门、车库门、检修门、防盗门、泄压门和引风门等。

①平开门:是依靠铰链轴或辅以闭门器来转动开合的门,因其具有简单的构造、灵活的开启方式以及较方便的制作、安装和维修而被广泛使用。但其门扇易产生下垂或扭曲变形,所以门扇宜轻,门洞一般不宜大于 3.6 m×3.6 m。门扇的材料有木材、铝合金和玻璃、钢或钢木组合。当门的面积大于 5 m² 时,宜采用角钢骨架,并在洞口两侧做钢筋混凝土门柱,或在砌体墙中砌入钢筋混凝土砌块,以便于安装铰链,见图 3.34(a)。

②弹簧门:也是平开,但依靠弹簧铰链或地弹簧转动,构造比平开门稍复杂,可单向或双向开启。为避免人流相撞,门扇一般为玻璃或镶嵌玻璃。根据相关规范,幼托等建筑中不得使用弹簧门,弹簧门也不可以用作防火门,见图 3.34(b)。

③推拉门:也称滑拉门,是依靠轨道左右滑行来开合的,按照轨道的位置有上挂式和下滑式之分。上挂式适用于高度小于 4 m 的门扇,下滑式多适用于高度大于 4 m 的门扇。根据门洞的大小,推拉门可以采用单轨双扇、双轨双扇、多轨多扇等形式,门扇材料类型也较多,门扇还可藏在夹墙内或贴在墙面外。推拉门占用空间少,受力合理,不易变形,但关闭时难以密闭。民用建筑中一般采用轻便推拉门来分隔内部空间,见图 3.34(c)。一些人流量不大的公共建筑还可采用传感控制自动推拉门。

④折叠门:由铰链将多扇门连接构成,每扇宽度为 500~1 000 mm,一般以 600 mm 为宜,适用于宽度较大的洞口。普通铰链只能挂两扇门,不适用于宽大洞口,因此折叠门通常使用特质铰链。折叠门可分为侧挂式折叠门和推拉式折叠门两种。侧挂式折叠门与普通平开门

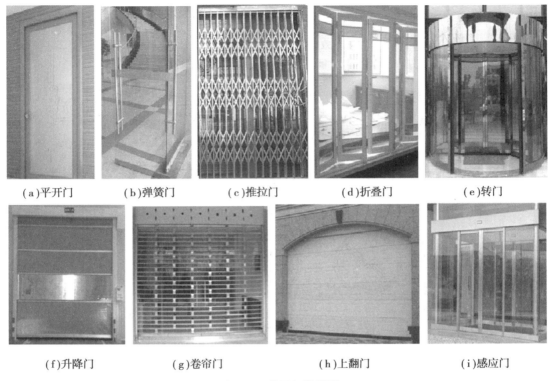

(a)平开门　　　（b)弹簧门　　　（c)推拉门　　　（d)折叠门　　　（e)转门

（f)升降门　　　（g)卷帘门　　　（h)上翻门　　　（i)感应门

图 3.34　常用门的类型

相似,推拉式折叠门与推拉门构造相似。折叠门开启时占用空间少但构造较复杂,一般常用于商业建筑或公共建筑中分隔空间,见图 3.34(d)。

　　⑤转门:由两个固定的弧线门套和垂直旋转的门扇组成,门扇为三扇或四扇,绕竖轴旋转,见图 3.34(e)。转门对隔离室内外空气有一定的作用,可作为寒冷地区、空调建筑且人流量不是很多的公共建筑的外门,如银行、写字楼、酒店等,但不能作为疏散门。需设置疏散口的时候,一般在转门的两旁另设平开门。

　　⑥升降门:开启时门扇沿轨道上升。它不占使用面积,常用于空间较高的民用与工业建筑,见图 3.34(f)。

　　⑦卷帘门:由多片金属页片连接而成,上下开合时由门洞上部的转轴将页片卷起放下。开启时不占使用面积,常用于不经常开关的商业建筑的大门等,见图 3.34(g)。钢卷帘门也常用作建筑内部防火分区的设施。除防火卷帘门外,其他卷帘门一般不用于安全疏散口处。

　　⑧上翻门:上翻门可充分利用上部空间,门扇不占用面积,但其五金及安装要求高,见图 3.34(h)。它适用于不经常开关的门,如车库大门。

　　⑨感应门:感应门广泛适用于宾馆、酒店、银行、写字楼、医院、商店等,见图 3.34(i),按开启方式可分为平移式、旋转式和平开式;按感应方式的不同可分为红外线感应门、微波感应门、刷卡感应门、触摸式感应门等。使用感应门可以节约空调能源、降低噪声、防风、防尘。

　　⑩其他门和门洞:如古代中的将军门［图 3.35（a）］、耳门、牌坊［图 3.35（b）］和辕门［图 3.35（c）］等。中国古建筑使用的门窗类型众多,现在应用较少,因此不再赘述。

（a）将军门　　　　　　　　（b）牌坊　　　　　　　　（c）辕门

图 3.35　门和门洞的其他样式

2）门的尺度

一般民用建筑门洞的高度采用 3M 模数,常见的有 2100 mm、2400 mm、2700 mm、3000 mm 等,特殊情况以 1M 为模数,高度不宜小于 2100 mm。门设有亮子（门扇上的小窗）时,门洞高度一般为 2400～3000 mm。公共建筑大门的高度可视需要适当提高。

门洞宽以 1M 为模数。单扇门为 700～1000 mm;双扇门为 1200～1800 mm。门扇不宜过宽,过宽易产生翘曲变形和自重过大而不利于开启。洞口宽度在 2100 mm 以上时,应做成三扇、四扇或双扇带固定扇的门。辅助房间（如浴厕、储藏室等）,门的宽度一般为 700～900 mm。公用外门一般为 1500 mm,入户门和起居室（厅）、卧室门为 900 mm,单扇阳台门为 700 mm。一个门扇的宽度一般不超过 1000 mm,超过 1000 mm 的门要设计成两扇及以上。

为设计和制作方便,常见民用建筑用的门均编制成标准图,设计时可按需要直接选用。

3.9.3　常用窗的类型与尺度

1）窗的分类

①按其开启方式可分为:固定窗、平开窗、悬窗、立转窗和推拉窗等,见图 3.36。
②按材料可分为:铝合金窗、塑钢窗、彩板窗、木窗、钢窗、纱窗和玻璃窗等。
③按窗的层数可分为:单层窗和双层窗。
④按用途可分为:防火窗、隔声窗、保温窗和气密窗等。
⑤其他类型还有棂格窗、花格窗、漏窗、百叶窗、玻璃天窗等,另外设在屋顶上的窗称为天窗。进深或跨度大的建筑物,室内光线差,空气不畅通,设置天窗可以增强采光和通风,改善室内环境。在宽大的单层厂房中,以及博物馆和美术馆一类民用建筑中,天窗的运用比较普遍。

2）常见的窗

①固定窗:其玻璃直接镶嵌在窗框上,大多用于只要求有采光、眺望功能的窗,如走道的采光窗和一般窗的固定部分。它构造简单,密闭性好,多与开启窗配合使用。

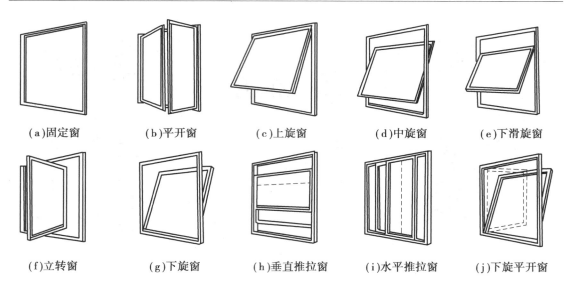

| (a)固定窗 | (b)平开窗 | (c)上旋窗 | (d)中旋窗 | (e)下滑旋窗 |
| (f)立转窗 | (g)下旋窗 | (h)垂直推拉窗 | (i)水平推拉窗 | (j)下旋平开窗 |

图 3.36　窗的开启方式

②平开窗:有单扇、双扇、多扇及向内开与向外开之分。平开窗与平开门相似,它构造简单、开启灵活、制作维修均方便,是民用建筑中很常见的一种窗。

③悬窗:根据铰链和转轴位置的不同,可分为上悬窗、中悬窗和下悬窗。上悬窗一般向外开,防雨好,多采用作外门和窗上的亮子。下悬窗向内开,通风较好,不防雨,一般用于内门上的亮子。中悬窗开启时窗扇上部向内、下部向外,对挡雨、通风有利。

④推拉窗:分为水平推拉窗和上下推拉窗两种。推拉窗开启时不占室内空间,窗扇受力状态好,窗扇及玻璃尺寸可较平开窗大,但通风面积受限。

⑤立转窗:在窗扇上下冒头的中部设转轴,立向转动。立式转窗引导风进入室内的效果较好,多用于单层厂房的低侧窗,但其防雨及密封性较差,不宜用于寒冷和多风沙的地区。

⑥折叠窗:全开启时视野开阔,通风效果好,但需用特殊五金件。

⑦纱窗:纱窗的主要作用是"防蚊虫"。现在的纱窗比以前多了更多的花样,出现了隐形纱窗(图 3.37)和可拆卸纱窗。

⑧百叶窗(图 3.38):能阻挡阳光直射并通风。

图 3.37　隐形纱窗

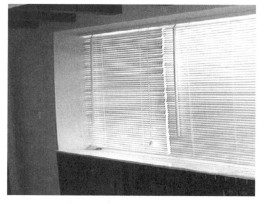

图 3.38　百叶窗

⑨隔声玻璃窗(图3.39):由双层或三层不同质地或不同厚度的玻璃与窗框组成。隔声层玻璃常使用PVB膜等,经高温高压牢固黏合而成的;或在隔声层之间,夹有充填了干燥剂(分子筛)的铝合金隔框,边部再用密封胶(丁基胶、聚硫胶、结构胶)黏结合成的玻璃组件;又或是利用保温瓶原理,制作透明可采光的均衡抗压的平板型玻璃构件,在窗架内填充吸声材料,充分吸收透过玻璃的声波,以最大限度隔离各频段的噪声。

图3.39 双层隔声玻璃窗

⑩漏窗:窗洞内装饰着各种镂空图案,透过漏窗可看到窗外景物。漏窗是中国园林中独特的建筑形式,也是构成园林景观的一种建筑艺术构件,通常作为园墙上的装饰小品,多在走廊上成排出现。江南宅园中应用很多,如苏州园林园壁上的漏窗就具有十分浓厚的文化色彩(图3.40)。

图3.40 漏窗

3)窗的尺度

①窗的尺度主要取决于房间的采光、通风、构造做法和建筑造型等要求,并应符合现行《建筑模数协调统一标准》的规定。对于一般的民用建筑用窗,各地均有通用图集,各类窗洞的高宽尺寸通常采用扩大模数3M数列。一般平开窗的窗扇高度为800~1500 mm,宽度为400~600 mm;上下悬窗的窗扇高度为300~600 mm;中悬窗的窗扇高不宜大于1200 mm,宽度不宜大于1000 mm;推拉窗的高度不宜大于1500 mm。

②窗的面积大小应满足天然采光和建筑节能的需要,满足有关窗地比的规定。

建筑的文化性

※**本章导读**

　　建筑的文化性,体现在建筑一直受到古往今来的人类各种文化对它的影响,例如宗教及价值观念的影响,以及民族性、地域性、时代性和传统性方面的影响。中国的建筑也是如此,传统的官式建筑和各地典型的民居,以及各型的文化建筑如宗祠和会馆等,都具备深邃的文化内涵,都是各民族文化的产品和载体。

4.1　建筑的文化属性

　　建筑是一个城市的基本面貌,是人类社会存在和发展的空间凝聚形式,是城市里不可或缺的符号,它的品位、质量和面貌在很大程度上决定着城市的形象。而城市作为建筑的载体,不单是建筑物简单的集合与扩大,它的发展、变化与更替,直接与社会的政治、经济、文化同步,综合反映着社会的面貌。所以说,建筑既是技术产物,又是艺术的创作,还是文化产品,它借助自己特殊的语言,吸收文化的内涵,来表现这个时代的科技观念,揭示思想和审美观。一个城市的建筑,不仅反映了这座城市对日新月异的新材料、新结构、新技术、新工艺的掌握与应用,还是这座城市的道德风尚、风土人情、风俗习惯等城市文化的具体体现。

　　简单地说,文化是指人类(特别是指一个民族)的思维方式、生活方式及表达方式等的总和。在世界范围内,文化对建筑的影响,广泛体现在以下一些方面:

4.1.1　宗教对建筑的影响

　　不同宗教信仰对建筑有较大的影响,出于教条和教规,不同宗教对建筑的形制有着严格的规定和制约。例如基督教徒的礼拜必须朝向耶路撒冷,圣坛就布置于东边,而建筑的西面就成为主入口和装修的重点。特别是哥特式教堂,少不了以玫瑰窗和圣徒塑像的装饰,见图4.1。而伊斯兰教的清真寺,历来禁止偶像崇拜,内外就用经文和精美的阿拉伯图案来装饰,加之高耸的宣礼塔,也独具文化特色和艺术性,见图4.2。在采用彩色玻璃时,基督教堂用其来塑造"不识字人的圣经"这一类写实的画面,见图4.3;清真寺却借此塑造出美丽的抽象图案,见图4.4。不同的宗教使得这两种礼拜建筑虽然在使用功能上接近,但在形制上和文化艺术特色上却相去甚远。

图 4.1　基督教堂

图 4.2　清真寺

图 4.3　基督教堂的彩色玻璃窗

图 4.4　粉红清真寺的彩色玻璃窗

4.1.2　建筑的民族性

不同民族的文化会在建筑中打下鲜明的烙印,中国古建筑体系属于世界六大古老的建筑体系之一,其他还有古埃及、古西亚、古印度、古爱琴海及古美洲建筑,其差异性皆因不同的民族文化的影响而起。例如游牧游猎民族的毡包和帐篷,与农耕民族的住房有显著差异。而同样是毡包,在中国,蒙古族的与哈萨克族的各异;同样是住房,埃及阿斯旺省的象岛与中国重庆的秀山,虽在纬度上差别不大,但民居的风格迥异,见图4.5和图4.6。

同样是基督教堂,拉丁语系民族区域建造的大多是拉丁十字平面,见图4.7;而希腊语系民族区域建造的大多采用希腊十字平面,见图4.8。基督教在中世纪分为两大宗派,对教堂制式争议不断,致使教堂建筑也存在不小的差异。

图 4.5　埃及阿斯旺象岛的传统民居

图 4.6　中国重庆秀山的传统民居

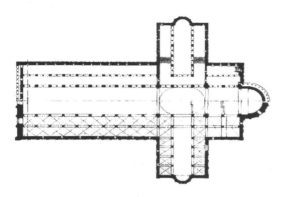

图 4.7　拉丁十字教堂平面

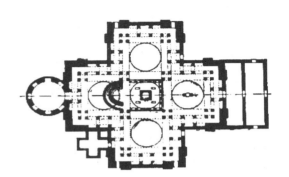

图 4.8　希腊十字教堂平面

4.1.3　建筑的地域性

地理的阻隔也使各地的建筑存在明显的差异,如希腊的民居(图 4.9),与美洲土著居民的传统建筑(图 4.10)及非洲土著居民(图 4.11)的传统建筑的差异;泰国的传统木构建筑(图 4.12)与我国苗族的传统建筑(图 4.13)及侗族建筑(图 4.14)之间的差异。它们都沿着各自的轨道传承与延续,直至出现大的文化交集而转向。

虽然同一个民族有相同的文化及传统,但不同的地域也使得同一民族的传统建筑产生差异,从而具备地方的特点。例如,中国汉族的传统民居在中国各地就呈现出风格迥异的特性。

图 4.9　希腊传统建筑

图 4.10　美洲原住民传统建筑

图 4.11　非洲原住民传统建筑

图 4.12　泰国的传统民居

图 4.13　苗族民居

图 4.14　侗族民居

除受环境、气候等地域因素影响外,建筑与所在地的人们的观念、传统、审美观点也分不开,东西方观念上认识的差异对建筑的影响就是很好的佐证。以园林为例,西方园林(以意大利文艺复兴园林和法国古典主义园林为代表)立足于用人工手段改变其自然状态,体现的是对形式美的刻意追求:不仅布局对称、规则、严谨,连花草树木也修剪得方方正正,从而呈现出一种几何图案美,表现的是强烈的节奏韵律感。而中国园林则追求"虽由人作,宛自天开"的自然美、情趣美。设计者多以生态观的角度顺应自然的地形地貌的要求,与地段环境融为一体,一切要素洒脱自如,没有任何规则可循;但却山环水抱,曲折蜿蜒,不仅花草树木随自然之原貌,即使人工建筑也尽量顺应自然而参差错落,力求与自然相融合,使人赏心悦目。

说到建筑文化的差异,建筑大师贝聿铭深有体会,他曾说过:"在西方,窗户就是窗户,它要放进阳光和新鲜空气。但对中国人来说,窗户是镜框,那里总有园林。"

4.1.4　时代性

随着文明的发展,同一民族的建筑也会因为生活方式的演进以及科学技术的进步而呈现出差异。例如,中国古建筑的主要特点是以木构架为主,经历了漫长的发展和演变过程,见表 4.1。

表 4.1　中国古代建筑发展简表

时　代	远　古	夏商,公元前2076年—公元前1046年	周朝等,公元前1046年—公元前770年	春秋战国,公元前770年—公元前221年	汉代(西汉至东汉)等,公元前202年—公元618年	唐代等,618—960年	宋、辽、金等,960年—1368年	明清,1368年—1911年
大致发展程度	穴居、巢居	茅茨土阶	瓦茨土阶	高台建筑	木构架初步形成	走向成熟阶段	更加精致化	高度成熟

随着社会的发展,科技的进步,建筑无论是功能还是形式都有了很大的改变。作为建筑的使用者、建设者和欣赏者,人的思维也发生了巨大的变化,从世界观到人生观,从价值观到审美观,这一系列的改变对建筑创作理念的变化也有着很大的影响。

曾几何时,"现代派建筑"在全球各国风靡一时,在世界建筑史上写下了厚重的一笔。这一类建筑由于注重功能性却忽视了文化性,而被称为"国际式"。由于没有明显的文化特征,与各地的建筑传统没有剧烈的冲突,使得它得以在世界各地落脚,但也正因如此,它在今天已逐渐成为过往,也是早已注定的了。

"二战"以后的重建,各国建筑师也力求将本国传统建筑文化与现代建造技术完美结合,创造出"新建筑"。例如,日本丹下健三的作品代代木体育馆,就是一个既富于传统性又具备现代感的优秀作品,见图4.15。整个建筑特异的外部形状加之装饰性的表现,似乎可以追溯到作为日本古代原型的神社形式。设计师丹下健三在此案中最大限度地发挥出将材料、功能、结构、文化高度统一的杰出创造才能。

图 4.15 代代木体育馆

1998年在西南太平洋新喀里多尼亚的努美阿半岛上建成的芝柏文化中心,属于"新地域主义"设计思潮的代表作之一,既现代,又很好地传承了当地的建筑文化。建筑形似还未完成的编织品,暗喻当地正不断发展的文化,见图4.16。

(a)建筑群   (b)建筑模型

图 4.16 芝柏文化中心

4.1.5　建筑的传统性

传统建筑具备以下的特点：

①集体创作,没有具体的设计人,没有设计图纸。

②以耳濡目染的方式传承,而非借助于学校和课堂。

③既是文化产品也是文化载体,是一个民族的思维方式(例如宗教信仰、宇宙观和价值观等)、生活方式和表达方式在建筑上的反映。

④具备一定的保守性,会坚守前人的智慧及其成果,拒绝被遗弃、突然改变或被取代。

当前的城市规划和建筑设计,都十分重视"文脉",这一理论是在 20 世纪 60 年代以后随着后现代建筑的出现而提出的。后现代建筑认为,现代主义建筑和城市规划过分强调对象本身,而不注意对象彼此之间的关联和脉络,缺乏对城市文脉的理解。建筑上表现为:国际式风格千篇一律的方盒子超然于历史性和地方性之上,只具有技术语义和少量的功能语义,没有思索回味的余地,导致了环境的冷漠和乏味。后现代建筑试图恢复原有城市的秩序和精神,重建失去的城市结构和文化,主张从传统化、地方化、民间化的内容和形式(即文脉)中找到立足点,并从中激活创作灵感,将历史的片段、传统的语汇运用于建筑创作中,但又不是简单复古,而是带有明显的"现代意识",经过撷取、改造、移植等创作手段来实现新的创作过程,使建筑的传统和文化与当代社会有机结合,并为当代人所接受。这使得今天在世界范围内建筑的文化性和传统性开始受到重视。

4.2　中国建筑的文化属性

和世界各地的建筑一样,中国建筑的文化性也受意识形态的影响,也具备民族性、地域性、时代性和传统性。

4.2.1　价值观与中国传统建筑

中国主流文化深受儒释道思想的影响,中国的文化反映在传统建筑上,使其明显地区别于其他国家的建筑。例如,中国典型的四合院就是中国人传统宇宙观和价值观的物化产品,四合院的特点是围绕院子四面建房,从四面将庭院合围在中间。建筑和格局体现了以前中国传统的尊卑等级和伦理道德思想、八卦、阴阳五行学说以及"风水"玄术等,见图4.17(a)。

这些观念还借助建筑构件和室内陈设(如楹联、绘画、雕刻、瓷器等)来进行这些观念的展示或说教,图 4.18 为一个传统建筑的堂屋,其间除了供奉先哲,还在布置和陈设上讲究"四平八稳"等规矩。

此外,中国有过长达两千多年的封建社会,封建等级观念深入文化领域,建筑也不例外,特别是古建筑里的官式建筑。官式建筑主要包括宫廷建筑、官署建筑和寺庙建筑等,尊卑等级森严,等级差异体现在建筑规模、屋顶样式、建筑色彩还有彩绘类型等诸多方面。如重檐庑殿等级最高;太和殿有 11 间,规模不可僭越(见图 4.19);如明、清两代曾明文规定只有皇帝的宫室、陵墓建筑及奉旨兴建的寺庙才准使用黄色琉璃瓦;如和玺彩画只能用于皇族专用的重

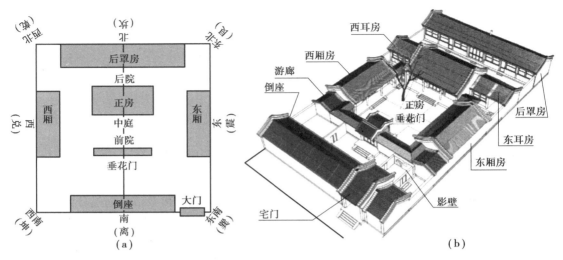

图 4.17　四合院的布局讲究

要建筑或皇帝特批的其他建筑等,画面充斥着龙凤图案(见图 4.20),而其他的建筑只可采用
玺子彩画或苏式彩画。

图 4.18　传统建筑的堂屋布置实例

图 4.19　太和殿

　　风水学说是我国古代关于建筑环境规划和设计的一门学问,探讨人与环境的复杂的关系是风水理论的核心内容。《风水十书》中有"人之居处宜以大地山河为主,其来脉气势最大。关系人祸福最为切要。若大形不善,纵内形得法,终不全吉。"总的来讲,建筑环境选择的理想模式是:地基宽平、背山依水、交通方便、景色优美,见图4.21。

　　建筑风水文化的形成主要是人们不断对古代祖先的社会活动以及建筑经验进行研究并总结,使得建筑风水

图 4.20　和玺彩画

学概括全面、分析透彻。中国传统建筑从皇宫、皇陵的规划建设,到普通村落、民宅的建筑,无不留下风水学的痕迹。在长达几千年的发展过程中,风水学逐渐形成了完整的但又保守的理论体系,对中国古代建筑(特别对墓葬和家居建筑)的影响十分深远。关于"风水"与现代建

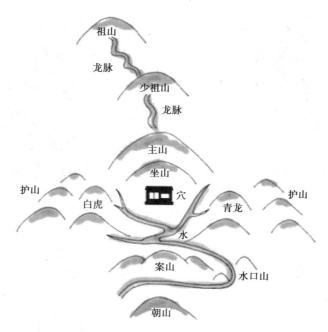

图 4.21　建筑选址与风水学说

筑的关系,应该以科学和辩证的观点来分析,看到其历史局限性,取其精华,去其糟粕。

4.2.2　生活习俗与建筑

中国地域广阔,民族众多,各具特色的民族文化融汇成为灿烂的中华文化。遍布全国各地的民居是物质文化的重要组成部分,带有不同的民族烙印和生活色彩,农耕民族的传统建筑以木结构建筑为主,游猎和游牧民族建筑中毡包占据主流。

(1)穿斗式民居

穿斗式民居在南方较多(见图 4.22 和图 4.23),墙上遍布的小木柱和木枋是其特色。木枋和木柱相互穿插,构成木框架,木构件断面尺度小,建筑的空间也不大。

(2)抬梁式

抬梁式结构是中国古代木结构的一种主要形式,多见于官式建筑中,木构件断面尺度较大,木梁直接搁置在柱顶上,建筑也具有较大的进深和宏阔的架构,成为权利和地位的代表。北方独特的气候也让抬梁式成为官式住宅乃至民居的选择,见图 4.24 和图 4.25。

(3)井干式民居

井干式民居常见于木材资源丰富地区,例如山区和森林里,它的墙体全部是由木材甚至原木建成,冬暖夏凉,见图 4.26。

(4)毡包、毡房和帐篷

游牧(猎)民族(如蒙古族、哈萨克族、达斡尔族和鄂温克族等)的传统住房,以穹窿形或圆锥形居多,用条木结成网壁与伞形顶,上盖毛毡或兽皮,顶上有天窗通风透气,易于拆卸和安装,方便迁移,见图 4.27。

图 4.22　穿斗式民居内部

图 4.23　穿斗式民居外部

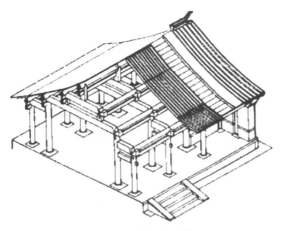

图 4.24　抬梁式建筑

图 4.25　抬梁式建筑内部

图 4.26　井干式传统建筑

图 4.27　毡包

　　毡包或毡房的民族风格各异,例如蒙古族的毡包(图 4.28)、哈萨克族的毡房(图 4.29)和鄂温克族的帐篷(图 4.30),各有特色。

图 4.28 蒙古包

图 4.29 哈萨克毡房

（5）干栏式

这类民居多以竹木建造，一般是两层，下层架高用来养殖动物和堆放杂物，上层供人居住使用，见图 4.31。

图 4.30 鄂温克帐篷"撮罗子"

图 4.31 干栏式建筑

（6）碉楼

碉楼的特色是兼具居住和防卫功能，代表性的碉楼有藏区高碉和广东开平碉楼。藏区高碉融入了藏族人民的生活方式和历史变迁（见图 4.32）。开平碉楼融合了汉族传统的乡村建筑文化，也融合进了华侨文化。

（7）阿以旺

"阿以旺"是维吾尔族典型的民居，见图 4.33 和图 4.34。维语"阿以旺"的意思是"明亮的处所"，这种民居将若干房间连成一片，庭院在四周，依据地形灵活布置。带天窗的前厅称"阿以旺"，又称"夏室"，有起居、会客等多种用途。还有称"冬室"的房间，是卧室，通常不开窗。

（8）疍家棚

疍家是中国沿海临水而居的部分人群，疍家棚是他们傍岸或在水上架设的棚户，竹瓦板壁，陈设简单，卫生清洁，是海边建筑的主要样式，也是当代渔家乐建筑的学习样板，见图4.35。

图 4.32　藏区高碉

图 4.33　阿以旺民居

图 4.34　阿以旺内部

图 4.35　疍家棚

（9）土楼

土楼是利用泥沙混合加工后的材料，以夹墙板夯筑而成墙体，与木结构的楼面及屋面组成的，以两层以上的房屋居多，平面呈矩形或圆形。福建永定土楼是世界独一无二的大型民居形式，被称为中国汉族传统民居的瑰宝，见图 4.36。

4.2.3　因地域不同而呈现多样性

建筑也是一个区域性的产物，受所在地区的基地环境、地理气候条件、地貌特征、自然条件，以及城市已有的建筑地段环境的制约。我国幅员辽阔，南北方气候不同，因此炎热的南方跟寒冷的北方的建筑就形式、功能相比显然是不同的。南方高温多雨、气候潮湿，建筑功能处理着重通风、遮阳、隔热、防潮，因而形成的建筑风格多轻巧通透、淡雅明快、朴实自然。北方多以平原为主，四季分明、功能要求墙体保温、防冻。建筑形式讲究院落布局的封闭严谨、雄伟威严。不同的地域差异，会使建筑在适应环境的时候产生较大的差异。

（1）南北差异

同样的建筑类型，北方建筑与南方建筑也显得不同。北方建筑厚重和结实，因为建筑必须能够保温和承受雪的荷载，墙体建得厚，窗洞建得小，是为抵御冷风的侵袭，见图 4.37；南方建筑为能利用丘陵和山地的地形建造，能在夏日获得大量的通风来散热，因此窗户就开得大，也不必考虑墙的保温性能，从而显得轻盈和灵巧，见图 4.38。

图 4.36 福建永定土楼

图 4.37 山西民居

（2）依山就势，结合地形

黄土高原的窑洞是结合地形的典型例子。窑洞是中国黄土高原上一种典型的民居，利用地形凿洞而建，类型有靠崖式窑洞、下沉式窑洞（图 4.39）、独立式窑洞（图 4.40）等，其中靠崖窑应用较多。

图 4.38 贵州千户苗寨

图 4.39 下沉式窑洞

（3）就地取材

传统建筑囿于古代交通的落后，建筑材料以就地取材为主，因此呈现出差异性和不同的地方特色。例如：干打垒房（图 4.41），以在竹篾上抹泥筑墙的竹篾墙建筑（图 4.42），直接以树干围墙筑顶的干栏式建筑（图 4.43），以土坯砌筑而成的土坯房（图 4.44），以石块垒叠筑墙而成的建筑（图 4.45），以竹子为主要建材构成的竹楼（图 4.46），等等。

（4）使用安全方面的考虑

传统建筑出于防火、防盗、防野兽侵害等安全的考虑，建筑也显得多姿多彩。例如：防火的马头墙（图 4.47）；防盗的藏碉，兼有居住和防御功能的土楼等（图 4.48）；能防毒蛇野兽的干栏式民居（图 4.49），等等。

以上仅仅是中国丰富的传统建筑类型的一些典型，这些类型又会依据地形和气候等自然条件的不同及聚合方式的不同，演变出万千形式，成为中国建筑设计师取之不尽的建筑文化艺术创作源泉和素材。

图 4.40　靠崖式窑洞

图 4.41　干打垒

图 4.42　竹篾墙建筑

图 4.43　井干式

图 4.44　土坯房

图 4.45　垒石墙

图 4.46　竹楼

图 4.47　马头墙

图 4.48　碉楼

图 4.49　干栏式

4.3　中国建筑的时代特征

　　与古代的建筑一样,中国半封建半殖民地时代的建筑也有自己不同时代的烙印,特别是开埠后的城市,如哈尔滨、青岛、上海和广州等,产生了一些中西合璧的建筑类型。

　　20 世纪 20—30 年代的中国建筑,以当时的首都南京地区兴建的官方和民间各类建筑为代表,是中国近代建筑的一个重要组成部分,其主要建筑风格有传统中国宫殿式、新民族形式、传统民族形式等中国建筑新特色,现在被称为"民国时期建筑",如南京的原国民政府大楼,见图 4.50。

　　中华人民共和国成立初期,以包括北京的十周年纪念建筑在内的全国各地的大型公共建筑为代表,呈现出新的时代特点,就是尝试将现代建筑技术与中国传统文化相结合,塑造新的民族建筑形式,以符合民族复兴大业的需要,如北京的十大纪念建筑之一的中国美术馆,见图4.51。

图 4.50　钢混结构的南京原国民政府大楼

图 4.51　钢筋混凝土结构的中国美术馆

20 世纪 60—70 年代,中国处于"文革"时期,人们的思维和日常生活方式都有突变,那时的建筑物常将火炬、红旗和标语等列为构成建筑的重要元素,以突出时代主题。如长沙市 1975 年改建的长沙火车站建筑(图 4.52),以及成都市于 1967 年开始建造的四川科技馆(原"敬祝毛主席万寿无疆展览馆",图 4.53)等,都打上了那个时代的烙印。

图 4.52　长沙火车站

图 4.53　四川科技馆

改革开放之初,贝聿铭接受中国政府委托,精心设计了著名的香山饭店,于 1982 年建成,见图 4.54。饭店开张 7 个月以后,美国授予贝聿铭普利茨克奖,这是建筑界可与诺贝尔奖相媲美的大奖,贝聿铭因此得到了奖金和亨利·莫尔创作的一尊雕塑。香山饭店表现了建筑在文化上如何延续——不对过去横加批评,而是撷其精华,成就自我。香山饭店利用现代建造技术,再现了中国传统建筑的文化精髓和艺术魅力。于 2006 年建成的由贝聿铭设计的苏州博物馆新馆,也精彩地演绎了中国传统建筑文化的旺盛生命如何再次被建筑大师所唤醒,见图 4.55。

2008 年建成的宁波博物馆,是经中国当代建筑师的不懈努力,在传承传统建筑文化并不断创新上所获得的让世界建筑界点赞的成果,是首位中国籍"普利茨克建筑奖"得主王澍"新乡土主义"风格的代表作,见图 4.56。

近年蓬勃发展的新中式建筑,给中国的城市和乡村带来新的气象,新中式建筑与中国传统建筑一脉相承,既很好地保持了传统建筑的精髓,又有效地融合了现代建筑元素与现代设计因素,还改变了传统建筑的功能使用,见图 4.57。

图 4.54 香山饭店

图 4.55 苏州博物馆新馆

图 4.56 宁波博物馆

图 4.57 新中式建筑风格

4.4 传统性

4.4.1 中国独有的文化建筑

中国独有的文化建筑或建筑形制(如宗祠、牌坊、戏台、道观、书院、园林等),也充分展示了礼制、天人合一宇宙观、崇文、先哲崇拜等民族文化传统,在建筑文化性方面独树一帜,见图4.58 至图 4.63。

图 4.58 宗祠

图 4.59 牌坊

图 4.60　戏台

图 4.61　道观

图 4.62　书院

图 4.63　园林

4.4.2　建筑文化和建造技术的传承

中国的传统建筑文化和技术，以师徒相授和家族传授的技术传授方式进行，最有名的当属春秋时期鲁国人鲁班，以及后来北京的"样式雷"家族。隋朝的宇文凯建大兴城时，已经采用建筑模型作为施工的指导，再后来，官式建筑以《营造法式》为依据，大型建筑和大规模建筑群建造就以模型和图样作为施工的指导，直至晚清的"样式雷"家族仍然如此，见图4.64。传统的民居或民间建筑，样式都装在有经验的工匠的头脑中，在实践中不断丰富，在师徒中代代相传。例如芷江侗族自治县龙津风雨桥复建（图4.65），整个工程施工于1999年初全面启动，当年11月建成。修建工程如此浩大、艺术如此独特的仿古建筑，掌墨师竟是芷江县垅坪乡两个小学未毕业的农民，他们做工全凭刻有尺寸的三尺棍。主管部门大胆用人，仰仗几位无职称、无级别的掌墨师，不仅出色地完成了施工任务，而且做得比原来预想的更加完美。

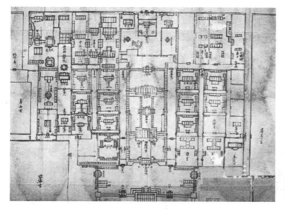

图 4.64 样式雷图样

图 4.65 芷江侗族自治县龙津风雨桥

4.5 当代中国建筑对传统建筑文化艺术的传承

现代中国建筑设计师一直努力地尝试传承建筑的文化性,使之与现代的建造技术相融合,从而不断地被发扬光大,焕发出新的活力。

（1）中山纪念堂

中山纪念堂于 1931 年 11 月建成,由中国当时留学归国的年轻建筑师设计,由于其设计思想和设计实践的追求,可被看作当时中国建筑师的代表,见图 4.66。

（2）重庆人民大礼堂

重庆人民大礼堂于 1954 年 4 月竣工,是一座仿古民族建筑群,建筑气势雄伟,金碧辉煌,是中国传统宫殿建筑风格与西方建筑的大跨度结构巧妙结合的杰作,见图 4.67。

图 4.66 中山纪念堂

图 4.67 重庆人民大礼堂

（3）苏州新博物馆

由贝聿铭设计的这个博物馆,将建筑与苏州传统的城市肌理融合在一起。博物馆屋顶设计的灵感来源于苏州传统建筑的飞檐翘角与细致入微的建筑细部,博物馆中传统建筑元素无处不在,但以现代技术建造。玻璃屋顶和石屋顶的构造系统源于传统的屋面,过去的木梁和木椽构架系统被现代的开放式钢结构、木作和涂料组成的顶棚系统所取代。怀旧的木作构架在玻璃屋顶之下作为光栅被广泛使用,以便遮挡和过滤进入展区的太阳光线,使之变得柔和,见图4.68。

(a)后院　　　　　　　　　　　　　　　(b)内部走道

图4.68　苏州博物馆

(4)新中式建筑

　　新中式建筑是在我国产生的一种建筑形式,既师承中国传统建筑,又推动了传统建筑的发展;既保持了文化艺术精髓,又融合了现代建筑元素与设计手法,并改变了传统建筑的功能,给予其新的定位,见图4.69。

(a)建筑群和庭院　　　　　　　　　　　(b)建筑立面及细部

图4.69　新中式建筑

4.6　建筑文化的交流与互鉴

　　建筑文化的性质和特征决定了它在整个人类文化中的重要地位,作为更广意义上的精神文化产品,建筑必须实现物质产品和精神文化结晶的双重社会价值。建筑和城市发展,乍看只是物质的概念,其深处实则是文化问题,总是和一定的文化相辅相成的。

　　不同的民族文化有着交流与互鉴,中国古代的"胡服骑射"就是文化交流的一个典范。但文化交流一般呈现的是一个漫长的过程,而非疾风骤雨似的,建筑文化的交流亦然。建筑文化的交流互鉴,在中国比较有名的是佛教建筑在中国的演变过程,唐朝时期中国的建筑制式在东北亚的传播与交流,以及半封建半殖民地时期西方建筑文化对中国建筑的一些影响。但这种交流的特点是相互取长补短,多数是借鉴外来文化对传统的建筑做出适当调整和适应,塑造出以为当地人所能接受的新类型,而绝非生搬硬套,全盘照搬外来建筑。因为全盘照搬这种方式没有生命力,不能长久,也不会得到全面的推广。

5

建筑的艺术性与设计

※**本章导读**

在人类文明发展的历史长河中,建筑艺术不仅是人类文化总体的重要组成部分,更是文化的载体,是记载着人类文化发展的"石头的史诗"。目前,建筑无论作为一种社会文化现象或是美学现象,还是作为集实用性与艺术性为一体的综合艺术,都已成为人类生活中不可缺少的一部分,它既要满足人们实用功能的需要,也要满足人们精神需求及审美意识的需要。建筑物既不像普通的构筑物那样只具有物质实用性,也不像文学、绘画、音乐、电影那样主要具有精神性,而是兼顾两者,是物质与精神的统一。建筑的艺术性,体现在它的创造性、唯一性、唯美性方面,也体现在时尚性、形式美、创作手法以及设计风格上,建筑艺术设计应力求建筑造型和内部空间美观新颖,符合人的审美需求。

5.1 形式美法则

经过长期探索,人们摸索出一些基本的形式美创作的规律,作为建筑艺术创作所遵循的准则,沿用至今(虽然建筑美学的内涵在今天已经更为丰富),这些法则包括:

(1)变化与统一

变化与统一是指作品的内涵和变化虽极为丰富,但不显杂乱,特点和艺术效果突出。反映在设计上,有如下一些类型:

①色彩的变化统一,如俄罗斯红场的伯拉仁内教堂,见图5.1。

②几何形的变化统一,如日本的一家公司的"螺旋大楼"临街立面,如图5.2。

③造型风格的变化统一,如黄鹤楼,见图5.3。

图 5.1　伯拉仁内教堂图

图 5.2　几何形变化统一

图 5.3　黄鹤楼

④建筑形体与细部尺度的变化统一,见图 5.4。

⑤材料的变化统一,见图 5.5。

图 5.4　尺度的变化统一

图 5.5　材料的变化统一

（2）对比与协调

对比是将对立的要素联系在一起,协调是要求它们产生对比效果而非矛盾与混乱。设计会追求协调的效果,将所有的设计要素结合在一起去创造协调,但缺少对比的协调易流于平庸。对比与协调手法的要点是同时采用相互对立的要素,使其各自的特点通过对比相得益彰,但在量上必须分清主次,一般是占主导地位的要素提供背景,来衬托和突出分量少的要素。

①色彩对比,见图 5.6。

②材料质地对比,如天然的材料与人造材料对比,光洁与粗糙、软与硬的对比等,见图 5.7。

③造型风格对比,如曲直对比、虚实对比、简繁对比、几何形与随意形的对比等,见图 5.8 和图 5.9。

图 5.6　色彩对比

图 5.7　材料质地对比

图 5.8　虚实与曲直对比

图 5.9　简繁对比

（3）对称

设计对象在造型或布局上有一对称轴,轴两边的造型是一致的。对称的形象给人稳定、完美、严肃的感觉,但易显得呆板。重要建筑、纪念性建筑或建筑群的设计常用对称的形式,见图 5.10 和图 5.11。

图 5.10　太和殿的对称立面图

图 5.11　巴黎圣母院的对称立面

（4）均衡

均衡是不对称的平衡,均衡使设计对象显得稳定,又不失生动活泼,见图 5.12。

均衡主要是指建筑物各部分前后左右的轻重关系,使其组合起来可给人以视觉均衡和安定、平稳的感觉;稳定是指建筑整体上下之间的轻重关系,给人以安全可靠、坚如磐石的效果。要达到建筑形体组合的均衡与稳定,应考虑并处理好各建筑造型要素给人的轻重感。一般来说,墙、柱等实体部分感觉上要重一些,门、窗、敞廊等空虚部分感觉要轻一些;材料粗糙的感觉要重一些,材料光洁的感觉要轻一些;色暗而深的感觉上要重一些,色明而浅的感觉要轻一些。此外,经过装饰或线条分割后的实体相比没有处理的实体,在轻重感上也有很大的区别。

(5)比例

比例是研究局部与整体之间在大小和数量上的协调关系,见图 5.12 和图 5.13。比是指两个相似事物的量的比较,而比例是指两个比的相等关系(如黄金比),见图 5.14。

图 5.12 巴西利亚议会大厦的均衡造型图

图 5.13 入口与建筑的比例关系

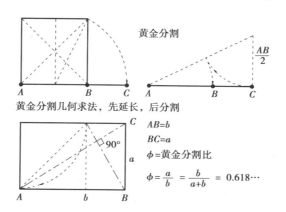

图 5.14 黄金比与黄金分割

古希腊人认为,某些数量关系表明了宇宙的和谐。他们发现在人体比例中,黄金分割起着支配性作用,认为人类或其供奉的庙宇都属于高级的宇宙秩序,因此人体的比例关系也应体现在庙宇建筑中,雅典帕提农神庙即是典型代表,见图 5.15。

比例还能决定建筑物、建筑块体的艺术性格。如一个高而窄的窗与一个扁而长的窗,虽然二者的面积相同,但由于长与宽的比例不同,使其艺术性格迥异:高而窄的窗神秘、崇高,扁而长的窗开阔、平和。

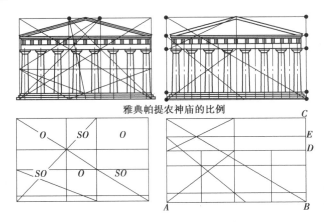

雅典帕提农神庙的比例

图 5.15 帕提农神庙立面的比例关系

维特鲁威曾指出,人体结构(图 5.16)包含着一个完整均衡的比例关系,希腊神庙的比例关系是以人体结构的比例关系为原型的。在自然数中,10 和 6 或 16 常被希腊人作为完全数,用以确立模度系统。"10"之所以是完全数,因为人的双手共 10 指;又因为人的身高是脚长的 6 倍,一只手臂是 6 个手掌的长度等,所以,6 也是完全数;10 与 6 相加得 16,16 是最完全的数。希腊神庙的比例关系,通常是对这三个完全数进行等分、倍分、加减获得的。古希腊人从男子与女子身材的不同比例所引发的不同美感出发,设计了多立克式、爱奥尼亚式、柯林斯式几种柱式(图 5.17)。多立克柱式柱头粗壮,檐部笨重,雄强的柱身拔地而起,按照维特鲁威的说法,它是以男子的身

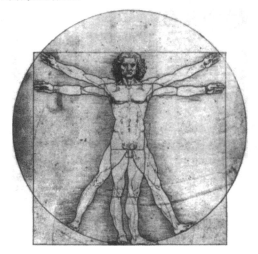

图 5.16 达芬奇所绘制的方圆图

高和脚的比例(即 7∶1)为依据而建造的,显示出"男子体形的刚劲和优美"。爱奥尼亚柱式柱身纤细,檐部较轻,有涡卷精巧柔和的柱头和看似有弹性的柱础,薄浮雕强调线条,表现出女性清秀柔美的体态与性格。柯林斯柱式则是从少女身材的比例转化而来,显得更为修长、纤细,柱头装饰性较强的重叠的卷叶,使人联想到少女的风姿。

建筑比例的选择应注意使各部分体形各得其所、主次分明,局部要衬托与突出主体,各部分形体要协调配合,形成有机的整体。正确的做法是:主体、次体、陪衬体、附属体等应各有相适应的比例,该壮则壮,该柔则柔,该高则高,该低则低,该挺则挺,该缩则缩。这是在运用比例时如何取得协调统一应注意的原则。建筑比例的选择,还应与使用功能相结合,应当在使用功能与美的比例之间寻找到恰当的结合点。如门的比例与形状,要根据用途来设计。如果是一队武士骑马出征,又或是他们凯旋时,门道就必须宽敞而高大,足以让长矛和旗帜通过,因此,法国巴黎凯旋门(图 5.18)就建造得高大壮观。而人们日常居所的门,则需选取适于人出入并与居室相配的比例和尺度,不能建得过于宽大,而应追求适度与和谐之美。

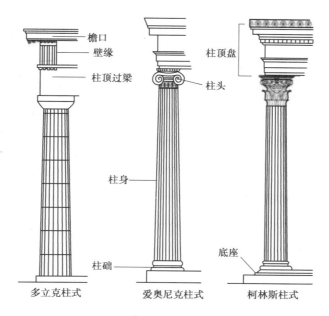

图 5.17 古希腊三种古典柱式

图 5.18 法国巴黎凯旋门

（6）尺度

尺度这一法则要求建筑应在大小上给人真实的感觉。大尺度给人的感染力更强，但其大小要通过尺子才能衡量，人们常用较熟悉的门窗和台阶等作为尺子去衡量未知大小的建筑，如果改变这些尺子的大小，会同时改变人对建筑大小的正确认识。例如同样面积的外墙，左图看上去是一幢大的建筑，而右边却显现为一幢小建筑，虽然两墙的面积大小一样（图 5.19）。这一法则同时要求建筑的空间和构件等，其大小尺度应符合使用者。例如在幼儿园里，无论什么尺度都应较成人的更小，才能适于儿童使用，见图 5.20。

大的尺度使建筑显得宏伟壮观，多用于纪念性建筑和重要建筑；小的以及人们熟悉的尺度用于建筑，会让人感到亲切。风景区的建筑也当采用小体量和小尺度，争取不煞风景，不去本末倒置地突出建筑。

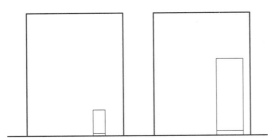

图 5.19　以"门"作为尺子获得的不同尺度感　　　　图 5.20　幼儿园的尺度

尺度在整体上表现人与建筑的关系,建筑可分为三种基本尺度:自然的尺度、亲切的尺度、超人的尺度。

自然的尺度是一种能够契合人的一定生理与心理需要的尺度,如一般的住宅、厂房、商店等建筑的尺度。它注重满足人生理性、实用性的功能要求,有利于人的生活和生产活动。具有这种尺度的建筑形式,给人的审美感受是自然平和。例如,中国传统建筑的基本形式院落住宅就体现出了"便于生"的自然尺度。从庭院住宅的设计理念上看,首先考虑的是适合人居的实用功能。所以,庭院住宅在尺度与结构上都保持着与人适度的比例,就连门、窗等细小部件,也总是与人体保持着适形、适宜的尺寸。置身于这种宁静温馨的庭院住宅中,会给人以舒适、平和之感。

亲切的尺度是一种在满足人的某种实用功能的同时,更多地具有审美意义的尺度。通常这类建筑内部空间比较紧凑,向人展示出比它实际尺寸更小的尺度感,给人以亲切、宜人的感觉。这是剧院、餐厅、图书馆等娱乐、服务性建筑喜欢使用的尺度。如一个剧院的乐池,在不损害实用性功能的前提下,可以设计得比实际需要的尺寸略小些。这样,可增加观众与演出人员之间的亲切感,使舞台、乐池与观众席之间的情感联系更为紧密。

超人的尺度即夸张的尺度。这种尺度常用在三类建筑上:纪念性建筑、宗教性建筑、官方建筑。建筑物向人展示出超常的庞大,使人面对它或置身其中的时候,感到一种超越自身的、外在的庞大力量的存在。在一些纪念性建筑上,人们往往试图通过超人尺度的建构,使建筑的内外部空间形象显得尽可能高大,以示崇高,并达到撼人的效果。在一些宗教性建筑上,高大的建筑形象、夸张的尺度比例,在于对神和上帝的肯定。如西方中世纪建筑的典型代表哥特式教堂,可谓是按照神的尺度来建造的,具有高、直、尖和强烈向上的动势。哥特式教堂的尺度极为夸张,从教堂中厅的高度看,德国的科隆大教堂中厅高达 48 m;从教堂的钟塔高度看,德国的乌尔姆市教堂高达 161 m。这类教堂的顶上都有锋利的、直刺苍穹的小尖顶。在一些奴隶制社会、封建制社会与资本主义社会的官方建筑上,其所运用的超人的建筑形式尺度,在于体现统治阶级的意志,象征统治者地位与权力的至高无上。

总之,自然的尺度意味着建筑形式平易近人,偏于实用性和理智性;亲切的尺度更注重建筑的形式美,其特点是温馨可亲;超人的尺度突出了建筑的壮美或狞厉,能使人产生崇高感或敬畏感。所以,不同的建筑尺度,能给人以不同的精神影响。

建筑物的美离不开适宜尺度,而"人是万物的尺度",以人的尺度来设计和营造始终是建筑的母题。建筑艺术中的尺度又是倾注了人的情感色彩的主观尺度,它已不是单纯的几何学或物理学中那种用数字直接显示的客观尺度。也就是说,"人必须与建筑物发生联系,并把自己的情感投射到建筑物上去,建筑美的尺度才能形成"。所以,建筑美的尺度包含着两个方面属性,既有客观的物理的量,又有主观的审美感受。

（7）节奏

节奏是机械地重复某些元素,产生动感和次序感,常用来组织建筑体量或构件(如阳台、柱子等),见图 5.21 和图 5.22。

图 5.21　威尼斯总督府立面的节奏　　　　图 5.22　美国杜勒斯机场候机楼

（8）韵律

韵律是一种既变化又重复的现象,饱含动感和韵味,见图 5.23 至图 5.25。

图 5.23　佛塔的韵律　　　图 5.24　伦敦奥运会场馆方案之一　　　图 5.25　穿斗式建筑群

5.2　常用的一些建筑艺术创作手法

（1）仿生或模仿

仿生是模拟动植物或其他生命形态来塑造建筑,模仿是通过仿制的方法来塑造建筑,见图 5.26 至图 5.28。

（2）造型的加法和减法

可通过"加法"与"减法"来创造建筑形态。"加法"是设计时对建筑体量和空间采取逐步叠加和扩展的方法,如图 5.29 的虚线部分;而减法是对已大体确定的体量或空间,在设计时逐步进行删减和收缩的方法,见图 5.30。两种方法同时使用,可使建筑形式产生无穷变化,见图 5.31。

图 5.26　1976 年蒙特利尔奥运会
主场馆

图 5.27　仿生

图 5.28　模仿

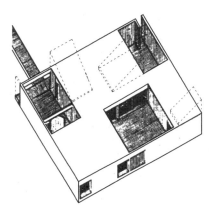

图 5.29　"加法"与"减法"示意

图 5.30　以"减法"形成的立面效果

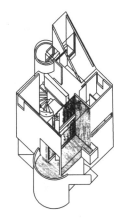

图 5.31　共同作用效果

（3）母题重复

母题重复的特点是将某种元素或特征反复运用，不断变化，不停地强调，直至产生强烈的特征，见图 5.32 至图 5.34。这些元素可大可小，还可以是片段等，变化丰富而又效果统一。

图 5.32　帕拉提奥母题

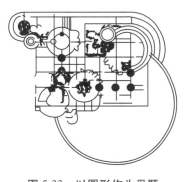

图 5.33　以圆形作为母题

图 5.34　以色列的"外星屋"

（4）基于网格或模数的统一变化

基于网格或模数的统一变化，是借助单一的元素，通过多样组合产生丰富变化，同时又保持其特性，见图 5.35 和图 5.36。这个方法与母题重复不一样，其特点是重复时元素的大小不变。

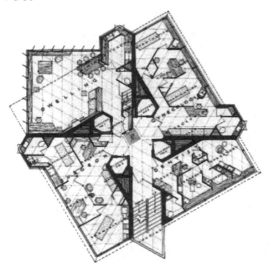

图 5.35　三角形或平行四边形网格

图 5.36　以单一体量作为模数进行组合

（5）错位

在建筑造型、建筑表面或在人对建筑认知习惯上的错位，会给人新奇的印象，见图 5.37 和图 5.38。

图 5.37　元素排列上的错位

图 5.38　认知习惯或观念的错位

（6）象征和寓意

象征就是用具体的事物表达抽象的内容，例如柏林犹太人纪念馆和美国的越战纪念碑，见图 5.39 和图 5.40；又如用莲花代表佛学和佛教（图 5.41）。而寓意是指寄托或隐含某些意义于建筑，例如南京中山陵，其总平面图设计用警钟造型来提示某种精神追求，又寓意警钟长鸣，应革命不止，见图 5.42。

柏林犹太人纪念馆的平面造型，出自"二战"前许多著名犹太人在柏林的住处的分布图形，既象征着已被战争毁掉的过去，也与场地能很好地协调。美国越战纪念碑造型，按照设计师的解释，像是地球被战争砍了一刀，象征战争在人们心中造成的不能愈合的伤痕。

图 5.39　柏林犹太人纪念馆　　　　　图 5.40　美国的越战纪念碑

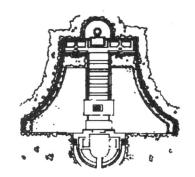

图 5.41　佛教建筑　　　　　　　　图 5.42　孙中山陵墓的设计平面

（7）缺损与随意

这种手法打开了人们的想象空间,激发了人们欲将其回归完美的冲动,使作品有了更丰富的内涵,见图 5.43 和图 5.44。

（8）扭曲与变形

这种手法带有夸张的成分,是设计师对建筑造型另辟蹊径的尝试,它拓展了人们对建筑艺术新的认知,见图 5.45。

图 5.43　柏林犹太人纪念馆　　图 5.44　某珠宝店门面　　图 5.45　扭曲与变形实例

（9）分解重组

例如美国新奥尔良的意大利广场,将典型的古罗马建筑的元素提取出来,作为符号组装进现代建筑之中,形成既传统又现代的风格,见图 5.46。再如法国拉维莱特公园的设计,先将公园的功能分解为点(公园附属的配套设施)、线(各种交通线)和面(如水面,硬化地面和绿化地面等)的独立系统,分别进行理想化的、追求完美的设计,见图 5.47。随后将三个系统叠加组合起来,使之产生偶然或矛盾冲突的非理性效果,见图 5.48。对于公园里的 50 个配套设施建筑——"点",也是将简单几种造型(见图 5.49)分解后,再重新组合,使用不多的构件类型,就能组合变化出万千建筑造型。

图 5.46 新奥尔良的意大利广场

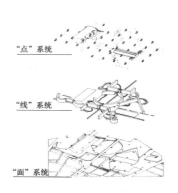

图 5.47 拉维莱特公园的 3 个系统

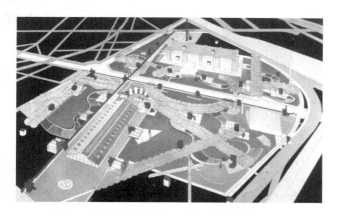

图 5.48 拉维莱特公园 3 个系统的叠合效果

图 5.49 公园的"点"的组成元素

(10)表面肌理设计

建筑的表面肌理类似建筑的外衣,是建筑形象的重要组成要素,肌理塑造的优劣与否、新颖与否,直接影响建筑的艺术效果,见图 5.50 至图 5.52。

(11)对光影的塑造

光照以及阴影,能使建筑内部空间和外立面产生特殊的氛围和效果,这些效果是设计师刻意去塑造、去追求的,见图 5.53 至图 5.55。

(12)渐变

渐变是指建筑的某些基本形或元素逐渐地变化,甚至从一个极端微妙地过渡到另一个极端。渐变的形式给人很强的节奏感和审美情趣,见图 5.56 至图 5.58。

图 5.50　表面肌理

图 5.51　上海世博会波兰馆

图 5.52　上海世博会英国馆

图 5.53　日本"光之教堂"

图 5.54　罗马万神庙

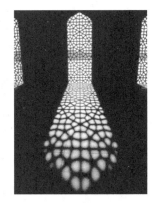

图 5.55　教堂玻璃窗

图 5.56　阳台板转角处的渐变

图 5.57　立面遮阳板的渐变

图 5.58　立面色彩明度的渐变

5.3　建筑的风格流派

　　建筑的艺术性也体现在各种设计风格与流派方面,例如现代主义和后现代派就有以下一些有代表性的风格流派。

　　(1)功能派

　　其特点是凭借纯几何体,以及混凝土、钢筋与玻璃(特别是模板痕迹显露的素混凝土外观),使建筑物形象及材料样貌清晰可见。功能派认为,"建筑是住人的机器"和"装饰就是罪恶",推崇"少就是多",代表作有萨伏耶别墅等,见图 5.59。

（2）粗野主义

粗野主义是以比较粗犷的建筑风格为代表的设计倾向。其特点是着重表现建筑造型的粗犷、建筑形体交接的粗鲁、混凝土的沉重和毛糙的质感等，并将它们作为建筑美的标准之一，见图5.60。

（3）高技术派

高技术派的作品着力突出当代工业技术成就，崇尚"机械美"，在室内外刻意暴露梁板、网架等结构构件以及风管、线缆等各种设备和管道来强调工艺技术与时代感。例如法国巴黎蓬皮杜国家艺术与文化中心，见图5.61。

图 5.59　萨伏耶别墅模型　　　图 5.60　印度昌迪加尔立法议会大厦　　　图 5.61　法国蓬皮杜中心

（4）典雅主义

典雅主义的特点是吸取古典建筑传统构图手法，比例工整严谨，造型简练精致，通过运用传统美学法则来使现代的材料与结构产生规整、端庄、典雅的美感，见图5.62和图5.63。

图 5.62　美国在新德里的大使馆　　　图 5.63　格雷戈里联合
　　　　　　　　　　　　　　　　　　　　　　　纪念中心

（5）白色派

作品以白色为主，具有一种超凡脱俗的气派和明显的非天然效果，对纯净的建筑空间、体量和阳光下的立体主义构图和光影变化十分偏爱，见图5.64。白色派代表人物有理查德·迈耶等。

（6）后现代

建筑的"后现代"是对现代派中理性主义的批判，主张建筑应该具有历史的延续性，但又不拘于传统，而不断追求新的创作手法，并讲求"人情味"。后现代常采用混合、错位、叠加或裂变的手法，加之象征和隐喻的手段，去创造一种融感性与理性、传统与现代、行家与大众于一体的、"亦此亦彼"的建筑形象。代表人物有美国的迈克尔·格雷夫斯，其代表作见图5.65和图5.66。

(a)道格拉斯住宅　　　　　(b)史密斯住宅　　　　　　　(c)千禧教堂

图 5.64　白色派风格建筑

图 5.65　波特兰市政厅　　　　　　　　图 5.66　海豚天鹅度假酒店

5.4　建筑艺术语言的应用

建筑艺术是运用一定的物质材料和技术手段,根据物质材料的性能和规律,并按照一定的美学原则去造型,创造出既适宜于居住和活动,又具有一定观赏性的空间环境的艺术。也可以说,建筑是人类建造的,供人进行生产活动、精神活动、生活休息等的空间场所或实体。

建筑艺术是实用与审美、技术与艺术的统一,即是一种协调了实用目的和审美目的的人造空间,是一种活的、富有生机的意义空间。

"建筑是一种造型艺术,所以它有着'面'和'体'(体形和体量)的形式处理这样的艺术语言;它又与同属造型艺术的绘画、雕塑不同,具有中空的空间(或在室内,或在许多单体围合成的室外),所以又拥有空间构图的艺术语言;人们欣赏建筑是一个动态的历时性过程,因此建筑又有时间艺术的特性,拥有群体组合(多座建筑的组合或一座建筑内部各部分的组合)的艺术语言;建筑又可以结合其他艺术形式,如壁画、雕塑、陈设、山水、植物配置以至文学,共同组成环境艺术,所以又拥有环境艺术的语言。"正是建筑艺术的诸多语言要素,共同构成了建筑艺术的造型美。

5.4.1 体形与体量

建筑是由基本块体构成体形的,而各种不同块体具有不同性格。如圆柱体由于高度不同便具有了不同的性格特征:高瘦圆柱体向上、纤细高圆柱体挺拔、雄壮;矮圆柱体稳定、结实。卧式立方体的性格特征主要是由长度决定的:正方体刚劲、端庄;长方体稳定、平和。又如:立三角有安定感,倒三角有倾危感,三角形顶端转向侧面则有前进感,高而窄的形体有险峻感,宽而平的形体则有平稳感。高明的建筑师可以通过巧妙地运用具有不同性格的体块,创造出建筑物美而适宜的体形。

中西方在建筑造型上有着明显的不同。"以土木为材的中国传统建筑,体形组合多用曲线,群体组合在时间上展开,具有绘画美。西方建筑多用石材,体形组合多用直线,单体建筑在纵向上发展,建筑造型突出,具有雕塑美。中国建筑的出发点是'线',完成的是铺开的'群',组成群体的亭、馆、廊、榭等都是粗细不一的'线',细部的翼檐飞角也是具有流动之美的曲线,这样围合的建筑空间就像是一幅山水画,作为界面的墙就是这画的边框(图5.67)。西方建筑的出发点是'面',完成的是团块的'体',几何构图贯穿着它的发展始终。所以,欣赏西方建筑,就像是欣赏雕刻,首先看到的是一个团块的体积,这体积由面构成,它本身就是独立自足的,围绕在它的周围,其外界面就是供人玩味的对象(图5.68)。"虽然中国传统的群体建筑与西方传统的单体建筑在形体组合上各有特点,但强调和注重形体组合则是共通的。

图 5.67 苏州园林

图 5.68 法国巴黎圣母院

体形组合的统一与协调是建筑体形构成的要点。一幢建筑的外部体形往往由几种或多种体形组合而成,这些被组合在一起的不同体形,必须经过形状、大小、高矮、曲直等的选择与加工,使其彼此相互协调,而某些小体形又自具特色;然后按照建筑功能的要求和形式美的规律将其组合起来,使它们主次分明、统一协调、衔接自然、风格显著。如意大利文艺复兴时期的经典建筑圣马可教堂与钟塔便显示了这种特性。拜占庭建筑风格的圣马可教堂,其平面为希腊十字形,有五个穹隆,中央和前面的穹隆较大,直径为 12.8 m,其余三个较小,均通过帆拱由柱墩支撑;内部空间以中央穹隆为中心,穹隆之间用筒形拱连接,大厅各部分空间相互穿插,连成一体。在它前面的是著名的圣马可广场,见图5.69。广场曲尺形相接处的钟塔,以其高耸的形象起着统一整个广场建筑群的作用,既是广场的标志,也是威尼斯市的标志,教堂与钟塔形成对比统一,相得益彰。

图 5.69　威尼斯市中心的圣马可广场

图 5.70　埃及金字塔

体量是指建筑物在空间上的体积,包括建筑的长度、宽度、高度。建筑体量一般从建筑竖向尺度、建筑横向尺度和建筑形体三方面提出控制引导要求,一般规定上限。体量的巨大是建筑不同于其他艺术的重要特点之一。同时,体量大小也是建筑形成其艺术表现力的根源。许多建筑,如埃及的金字塔(图 5.70)、法国的埃菲尔铁塔(图 5.71),乃至我国广州的琶洲国际会展中心(图 5.72),其庞大的体量都给人以强烈的视觉冲击力。如果这些建筑体型缩小,不仅减小了量,同时也影响了质,给人心灵的震撼和情绪上的感染必然也会减弱。建筑给人的崇高感正是由建筑特有的体量、形状所决定的。

图 5.71　法国埃菲尔铁塔

图 5.72　琶洲国际会展中心

建筑体量的控制应考虑地块周边环境。以北京天安门广场上的建筑为例,天安门城楼、人民大会堂、国家博物馆、毛主席纪念堂、人民英雄纪念碑等(图 5.73)建筑的体量都很巨大,但在开阔的天安门广场上却没有大而不当的感觉,建筑体量与所处空间的大小有了很好的呼应。与天安门广场相连的东西长安街上的建筑体量也较巨大,这一方面是因为大体量建筑可以很好地体现北京作为国家政治中心的庄严形象,另一方面也是由于建筑要与整个北京恢宏大气的城市格局相协调。有学者强调:"体量之大并不是绝对的,体量的适宜才是最重要的。强调超人的神性力量的欧洲教堂都有大得惊人的体量;而显示中国哲学的理性精神和人本主义、注重其尺度易于为人所衡量和领会的中国建筑,体量都不太大。至于园林建筑和住宅,更重于追求小体量显出的亲切、平易和优雅。"

图 5.73　北京天安门广场建筑群

5.4.2　空间与环境

　　建筑与空间性有着密切的关系。空间的形状、大小、方向、开敞或封闭、明亮或黑暗等,都有不同的情绪感染作用。开阔的广场表现宏大的气势令人振奋,而高墙环绕的小广场给人以威慑;明亮宽阔的大厅令人感到开朗舒畅,而低矮昏暗的庙宇殿堂,就使人感觉压抑、神秘;小而紧凑的空间给人以温馨感,大而开敞的空间给人以平和感,深邃的长廊给人以期待感。高明的建筑师可以巧妙地运用空间变化的规律,如空间的主次开阖、宽窄、隔连、渗透、呼应、对比等,使形式因素具有精神内涵和艺术感染力。

　　建筑艺术是创造各种不同空间的艺术,它既能创造建筑物外部形态的各式空间,又能创造出建筑物丰富多样的内部空间。建筑像一座巨大的空心雕刻品,人可以进入其中并在行进中感受它的效果,而雕塑虽然可以创造各种不同的立体形象,却不能创造出能够使用的内部空间。

　　建筑空间有多种类型,有的按照建筑空间的构成、功能、形态,区分为结构空间、实用空间、视觉空间;有的按照建筑空间的功能特性,区分为专用空间(私属空间)及共享空间(社会空间);有的按照建筑空间的形态特性,区分为固定空间、虚拟空间及动态空间;而更普遍的区分方法则是按照建筑空间的结构特性,将其分为内部空间或室内空间、外部空间或室外空间。内部空间是由三面——墙面、地面、顶面(天花、顶棚等)限定的具有各种使用功能的房间。外部空间是没有顶部遮盖的场地,它既包括活动的空间(如道路、广场、停车场等),也包括绿化美化空间(如花园、草坪、树木丛带、假山、喷水池等)。"当代建筑在空间处理上,使室内、室外空间互相延伸,如采用柱廊、落地窗、阳台等,既有分隔性,又有连续性,增加了空间的生机。"

　　建筑空间的艺术处理,是建筑美学的重要部分。《老子》一书指出:"凿户牖以为室,当其无,有室之用。"即开出门窗,有了可以进入的空间,才有房屋的作用,即室之用是由于室中之空间。建筑的空间处理,首先应能充分表达设计主题、渲染主题,空间特性必须与建筑主题相一致。比如,纪念建筑一般选择封闭的、具有超人尺度的纵深高耸空间,而不选择开敞的、具有宜人尺度的横长空间,因为这种特性的空间适合休闲建筑或文化娱乐场馆,能给人自由、活泼、舒适的感觉。

　　处理好主要空间与从属空间的关系,才能形成有机统一的空间序列。例如,广州的中山纪念堂(图5.74),其内部空间构成就显示了突出的主从空间关系。八边形多功能大厅是主要空间,会议、演出、讲演均在这里进行。周围的从属空间,如休息廊、阳台、门厅、电器房、卫生间等,在使用性质上都是为多功能大厅服务的。多功能大厅空间最大、最高,处于中心位置,它的外部体量也最大、最高,也同样处于中心位置,统领其他从属建筑,而从属建筑又把主体建筑烘托得突出而完美。另外,建筑空间是以相互邻接的形式存在的,相邻空间的边界线可采用硬拼接,以形成鲜明轮廓;也可以采用交错、重叠、嵌套、断续、咬合等方法组织空间,形成不确定边界和不定性空间。

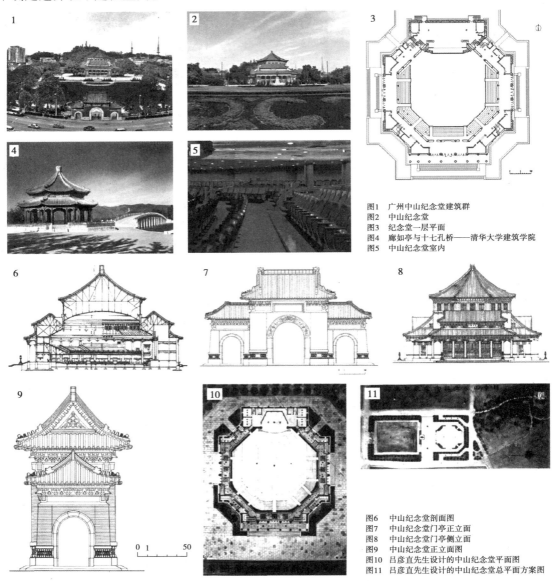

图1　广州中山纪念堂建筑群
图2　中山纪念堂
图3　纪念堂一层平面
图4　廊如亭与十七孔桥——清华大学建筑学院
图5　中山纪念堂室内

图6　中山纪念堂剖面图
图7　中山纪念堂门亭正立面
图8　中山纪念堂门亭侧立面
图9　中山纪念堂正立面图
图10　吕彦直先生设计的中山纪念堂平面图
图11　吕彦直先生设计的中山纪念堂总平面方案图

图5.74　广州的中山纪念堂

此外,空间以人为中心,人在空间中处于运动状态,是从连续的各个视点观看建筑物的,"观看角度的这种在时间上延续的移位就给传统的三度空间增添了新的一度空间。就这样,时间就被命名为'第四度空间'。"人在运动中感受和体验空间的存在,并赋予空间以完全的实在性。所以,空间序列设计应充分考虑到人的因素,处理好人与空间的动态关系。

建筑一经建成就长期固定在其所处的环境中,它既受环境的制约,又对环境产生很大的影响。因此,建筑师的创作不像一般艺术家那样自由,他不是在一个完全空白的画布上创作,而是必须根据已有的环境、背景进行整体设计和构图。所以,建筑的成功与否,不仅在于它自身的形式,还在于它与环境的关系。正确地对待环境,因地制宜,趋利避害,往往不仅给建筑艺术带来非凡的效果,而且给环境增添活力。倘若建筑与环境相得益彰,就会拓展建筑的意境,增强它的审美特性。我国园林建筑作为建筑与环境融为一体的典范,就特别善于运用"框景""对景""借景"等艺术语言。如北京的颐和园,就巧妙地把它背后的玉泉山以及远处隐约可见的西山"借过来",作为自己园林景观的一部分,融入其空间造型的整体结构之中,使得其艺术境界更加广阔和深远。

自然环境的重要因素首推气候。在不同气候条件下的建筑有很大不同,应充分体现出趋利避害的特点。如 E.D.斯通 1958 年设计建造的印度新德里的美国大使馆(图 5.75),为了避免夏季太阳辐射热,设计成一个内向庭院,上方覆以铝制网罩,外围幕墙饰以精细的格栅,再加上外部环境的柱廊和大挑檐,不仅使建筑物在炎热的气候条件下能保持凉爽,而且又形成了华丽端庄的形象,与大使馆特有的性质和功能相吻合。

图 5.75　印度新德里的美国大使馆

地形、地貌也是考虑环境时重要的因素,因地制宜才能使建筑与环境有机融合。如美国现代建筑家赖特 1936 年设计的流水别墅,地处美国宾夕法尼亚州匹茨堡附近的一个小瀑布上方,利用钢混结构的悬挑能力,使各层挑台向周围幽静的自然空间远远悬伸出去。平滑方正的大阳台与纵向的粗石砌成的厚墙穿插交错,在复杂微妙的变化中达到一种诗意的视觉平衡。室内也保持了天然野趣,一些被保留下来的岩石像是从地面破土而出,成为壁炉前的天然装饰,而一览无余的带形窗,使室内与四周茂密的林木相互交融,整座别墅仿佛是从溪流之上滋生出来的。巧妙地利用地形、地貌,使之与环境融为一体的建筑艺术精品还有很多,如澳大利亚的悉尼歌剧院(图 5.76)、日本兵库县神户的六甲山集合住宅(图 5.77)等,都是成功的范例。

图 5.76　澳大利亚悉尼歌剧院

图 5.77　日本兵库县神户的六甲山集合住宅

建筑还要与人文环境有机融合。矗立在城市中的建筑应该考虑更多的历史与人文因素，要和周围的建筑群协调一致，甚至要把路灯、街区、车站、人流等社会人文景象都要纳入建筑的整体空间构型之中。如贝聿铭 1968 年设计的波士顿海港大楼，它拥有斜方形平面，四个立面全部使用玻璃幕墙，能把整个城市街景全方位、广角度、动态地映现出来，效果美妙惊人。而这一设计，也促使玻璃幕墙被广为应用。

建筑与环境的关系非常密切，"一般来说，建筑是环境艺术的主角，它不仅要完善自己，还要从系统工程的概念出发，充分调动自然环境（自然物的形、体、光、色、声、嗅）、人文环境（历史、乡土、民俗）和环境雕塑、环境绘画、建筑小品、工艺美术、书法以至文学的作用，统率并协调它们，构成整体。"有了这样的综合考虑，处理好建筑与环境的关系，不仅可以突出建筑的造型美，而且还具有协调人与自然、人与社会和谐关系的精神功能。因此，建筑应充分与环境和景观结合，为人们提供轻松舒适、赏心悦目的氛围。

5.4.3　色彩与质地

色彩是建筑艺术语言的一个不容忽视的要素，建筑外部装修色彩的历史悠久。我国是最早使用木框架建造房屋的国家，为保护木构件不受风雨的侵蚀，早在春秋时代就产生了在建筑物上进行油漆彩绘的形式。工匠们用浓艳的油漆在建筑物的梁、枋、天花、柱头、斗拱等部位描绘各种花鸟人物、吉祥图案，用来美化建筑和保护木制构件。这种绘饰的方法，奠定了我国建筑色彩的基础。

人类对建筑色彩的选择，不仅有美化与实用的因素，而且与社会制度、宗教信仰、风俗习惯及人的精神意志密切相连。尤其值得重视的是建筑色彩的民族性与象征性。"我国有 50 多个民族，各民族所喜欢的色彩并不一致。汉族喜欢红色、黄色、绿色，长期把它们使用在几乎全国的宫殿、庙宇及其他公共建筑物上。信奉伊斯兰教的少数民族，如维吾尔族、哈萨克族、回族等，却喜欢蓝色、绿色、白色、金色，把这些色彩使用在清真寺上。藏族喜欢白色、红褐色、绿色和金色，同样把它们使用在庙宇和塔上。"建筑色彩还具有一定的符号象征性，如天安门及中南海四周的红色围墙，象征着中央政权；南京中山陵与广州中山纪念堂的蓝色屋顶，象征着革命先行者孙中山所举过的旗帜；故宫建筑群的黄色琉璃瓦顶，象征着至高无上的皇权；天坛祈年殿的三层蓝色顶盖，则是天权的象征。

建筑色彩的选择应考虑到多方面的因素：

第一，要符合本地区建筑规划的色调要求（我国很多城市都有城市色彩专项规划）。统一规划的建筑色调,会使建筑的色彩协调而不零乱,能呈现出和谐的整体美。

第二,建筑物的外部色彩要与周围的环境相协调。首先,要与自然环境相协调。在这方面,澳大利亚悉尼歌剧院就是成功的范例。歌剧院位于悉尼港三面临海、环境优美的便利朗角(Bennelong Point)上。为了使它与海港整体气氛相一致,建筑师在设计这座剧院的屋顶时选择了四组巨大的薄壳结构,并全部饰以乳白色贴面砖。远远望去,宛如被鼓起的一组白帆,又像一组巨大的海贝,在阳光下闪烁夺目、熠熠生辉,与港湾的环境十分和谐。其次,要与人工环境相协调。建筑色彩的选择应考虑与周围其他人工建筑的色彩协调。如曲阜的阙里宾舍,紧靠知名度极高的孔庙,为了取得风格与色彩上的协调一致,建筑物的外形采用了传统风格,并以我国传统民居的灰色、白色为基调,选用青砖灰瓦。整体建筑朴实无华、素雅明朗,与整体环境相当协调。但是,反面的事例我们也常能见到。近些年,许多人在风景名胜区大建楼堂馆所,在古建筑群中建现代高层建筑,这无疑是对周围环境的一种破坏。

第三,要根据建筑物的功能性质,选择与其相适应的色彩。建筑的内部装修色彩与人的关系更为密切,能对人的心理产生影响,甚至能影响人的生活质量和工作效率。例如,工厂中的色彩调节就十分重要,我国有一家纺织厂就利用色彩调节的原理改造厂区,获得了很大的成功。他们选用天蓝色作为生产车间墙壁、机器设备的主调,在棉花与纺线的相映之下,宛如蓝天白云,使人产生置身大自然的美好感受。同时,车间地板被涂成铁锈红色,进一步增添了温暖亲切的气氛,较大地提高了生产效率。可见,室内装修色彩的合理使用,不仅能美化室内环境,还能使人心情舒畅,并有利于人的潜在能力的发挥。

所以,建筑色彩要符合建筑的功能特性。如医院的门诊部应使用给人以清洁感的色彩,手术室内最好采用血液的补色蓝绿色为基本色调。俱乐部、小学、幼儿园等不宜选用冷色调,应该采用明快的暖色调。饭店的不同用色可以创造出不同的风格,一般来说,大型宴会厅可选用彩度较高的颜色,如适当地运用暖色调可收到富丽堂皇的效果;而供好友聚会小酌的小餐室,以选用较为柔和的中性色为宜,有利于营造温馨优雅的浪漫氛围。商店的室内色彩与商品有着极为密切的关系,在考虑色彩的配置时,要注意突出商品的性能及特点。有些商品貌不引人,就应在背景色彩及放置的方法、位置上多下功夫。有些商品本身包装十分华美醒目,背景色就要尽量单纯一些,以免喧宾夺主。此外,装修店铺的门面时,店铺若是老字号,室内及门面的色调就应以传统色彩为主,追求古朴典雅的风格。可选用深棕、枣红等作为商店的主色调,也可选用原木制品。而经营现代工业产品的商店,可以选用明快浅淡的色彩为主,如银灰、米黄、乳白色等,以突出现代风格。

与建筑色彩关系密切的还有材料所造成的建筑形式的质地。建筑材料不同,建筑形式给人的质感就不同。石材建筑的质感偏于生硬,给人以冷峻的审美感受;木材建筑的质感偏于熟软,给人以温和的审美感受;金属材料的建筑闪光发亮,颇富现代情趣;玻璃材料的建筑通体透明,给人以晶莹剔透之美。所以,不同的材料质地给人以软硬、虚实、滑涩、韧脆、透明与浑浊等不同感觉,并影响着建筑形式美的审美品格。"生硬者重理性,熟软者近人情;重理性者显其崇高,近人情者显其优美。"

根据建筑物的功能使用适宜的建筑材料,以造成特有的质感和审美效果,这类成功之作很多。如北京奥运国家游泳中心水立方,其膜结构已成为世界之最。水立方是根据细胞排列形式和肥皂泡天然结构设计而成的,这种形态在建筑结构中从来没有出现过,创意非常奇特。整个建筑内外层包裹的 ETFE 膜(乙烯-四氟乙烯共聚物)是一种轻质新型材料,具有良好的热学性能和透光性,可以调节室内环境,冬季保温,夏季阻隔辐射热。这类特殊材料形成的建筑外表看上去像是排列有序的水泡,让人们联想到建筑的使用性质——水上运动。水立方位于奥林匹克体育公园,与主体育场鸟巢相对而立,二者和谐共生、相得益彰。

除了材料的运用外,建筑质感的形成,还可以通过一定的技术与艺术的处理,从而改变原有材料的外貌来获得。例如,公园里的水泥柱子过于生硬,若将它的外形及色彩做成像是竹柱或木柱,便能获得较好的审美效果。还可以通过使用壁纸漆、质感艺术涂料等墙面装饰新材料,在墙面上做出风格各异的图案及具有凹凸感的质地,掩盖原建筑材料的外貌,使墙壁更加美观,或使其达到特定的质感审美效果。

5.5 建筑艺术的唯一性

建筑作品同其他任何一种艺术品一样,都具备唯一性,不可复制和抄袭。能大量复制的,仅仅是工艺品或日用品,而非艺术品。这就解释了为什么建筑设计反对抄袭,因为抄袭既是窃取别人的成果,也会损害原作者的权益,贬损他的作品由艺术品成为工艺品。我国现行的《中华人民共和国著作权法实施条例》规定,"建筑作品,是指以建筑物或者构筑物形式表现的有审美意义的作品",是受到保护的。

5.6 建筑艺术的时尚性

时尚,就是人们对社会某项事物一时的崇尚,这里的"尚"是指一种高度。时尚是一种永远不会过时而又充满活力的一类艺术展示,是一种可望而不可即的灵感,它能令人充满激情,充满幻想;时尚是一种健康的代表,无论是人的衣着风格、建筑的特色还是前卫的言语、新奇的造型等,都可以说是时尚的象征。

首先,时尚必须是健康的,其次,时尚是大众普遍认可的。如果仅是某个比较另类的人,想代表时尚是代表不了的,即使他特有影响力,大家都跟风,也不能算时尚。因为时尚是一种美,一种象征,能给当代和下一代留下深刻印象和指导意义的象征。

每个时代都有引领潮流的建筑师,都有新颖的建筑艺术风格,这些风格为众多设计师追随,为大众所接受和推崇而风靡一时,使建筑留下了时间的刻痕,追求时髦也使得建筑的审美趋势易形成明显的潮流,而不合时宜的又少有艺术性的作品,会显得另类而难以被接受。这些现象反映建筑有着时尚性,但这种时尚的时效性更为长久。

审美疲劳是人的共性,表现为对审美对象的兴奋减弱,不再产生较强的形式美感,甚至对对象表示厌弃,即所谓"喜新厌旧"。但它也推动了时尚的此起彼伏,层出不穷。

在建筑界,时尚往往体现为一种建筑新的风格为设计师及用户所推崇,从而风靡一时,时尚性也要求建筑设计不走老路而应向前看,使作品具备"时代的烙印",见图 5.78 和图 5.79。

图 5.78 时尚的建筑立面

图 5.79 时尚的建筑外观

建筑的技术性与设计

※本章导读

※本章导读

通过本章学习,应熟悉建筑设计与建造的有关技术手段和重要技术参数,包括内部环境的有关指标及保障措施;熟悉保障建筑建造和使用安全的措施;了解常用建筑结构的特点及适用范围;了解如何通过技术型来控制建筑建造的成本等。

6.1 建筑结构技术简介

建筑结构简称结构,是在建筑中受力并传力的,由若干构件连接而构成的平面或空间体系,类似动物的骨骼系统。结构必须具有足够的强度、刚度和稳定性。

6.1.1 结构类型

按材料不同,一般分为木结构、砖石结构、混凝土结构、钢筋混凝土结构、钢结构、预应力钢结构、砖混结构等。

（1）木结构

木结构是指在建筑中以木材为主制成的结构,一般用榫卯、齿、螺栓、钉、销、胶等连接,见图6.1。

（2）砖石结构

砖石结构是指用胶结材料(如砂浆等),将砖、石、砌块等砌筑成一体的结构,可用于基础、墙体、柱子、烟囱、水池等,见图6.2。砖石结构是一种古老的传统结构,从古至今一直被广泛应用,如埃及的金字塔、罗马的斗兽场,我国的万里长城、河北赵县的安济桥、西安的小雁塔、南京的无梁殿等,现在一般用于民用和工业建筑的墙、柱和基础等。

图6.1　木结构建筑

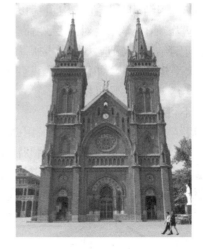
图6.2　砖石结构建筑

（3）素混凝土结构

素混凝土结构是由无筋或不配置受力钢筋的混凝土制成的结构。此结构类型广泛适用于地上、地下、水中的工业与民用建筑,水利、水电等各种工程。

（4）钢筋混凝土结构

钢筋混凝土结构是指采用钢筋增强的混凝土结构,见图6.3。钢筋混凝土结构在土木工程中的应用范围极广,各种工程结构都可由钢筋混凝土建造。

（5）钢结构

钢结构是指以钢材制成的结构。如果型材是由钢带或钢板经冷加工而成,再以此制作的结构,则称为冷弯钢结构。钢结构由钢板和型钢等制成的钢梁、钢柱、钢桁架组成,各构件之间采用焊缝、螺栓或铆钉连接,常见于跨度大、高度大、荷载大、动力作用大的各种工程结构中,见图6.4。

图6.3　钢筋混凝土结构

图6.4　钢结构

（6）预应力钢结构

预应力钢结构是指在结构负荷以前,先施以预加应力,使内部产生对承受外荷有利的应力状态的钢结构。预应力钢结构广泛应用的领域是大型建筑结构,如体育场馆、会展中心、剧院、商场、飞机库、候机楼等。

（7）砖混结构

砖混结构建筑物的墙、柱等采用砖或者砌块砌筑,梁、楼板、屋面板等采用钢筋混凝土构件,见图6.5。砖混结构在我国应用较普遍,与砖石结构不同的是,砖石结构的水平构件是用拱来替代的。

图6.5　砖混结构房屋

6.1.2　高层与超高层技术

1976 年,我国国内建成了第一幢超过 100 m 的超高层建筑,为广州白云宾馆,楼高112 m。1986 年后,高层和超高层建筑数量迅速增长,到 2012 年已建成 94 幢,其中 200~300 m 高的约占 59%,上海中心大厦的高度已达 632 m,而深圳平安金融中心达到 648 m。此结构类型以框架-核心筒、框筒-核心筒、巨型框架-核心筒和巨型支撑框架-核心筒四种结构为主。其中框架-核心筒和框筒-核心筒结构适用于 250~400 m 的高建筑;巨型框架-核心筒适用于 300 m 以上的超高层建筑;巨型框架-核心筒和巨型支撑框架-核心筒,适用于 300 m 以上的超高层建筑。超高层建筑常采用钢结构,其常用类型及适用范围,见图6.6。

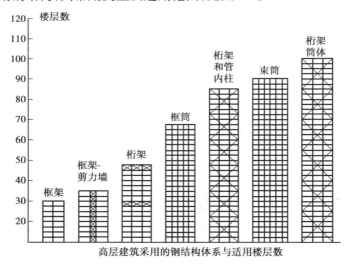

图 6.6　高层建筑钢结构类型及适用范围

6.1.3　大跨度结构

大跨度结构通常是指跨度在 30 m 以上的结构,主要用于民用建筑中的影剧院、体育场馆、展览馆、大会堂、航空港以及其他大型公共建筑,在工业建筑中则主要用于飞机装配车间、飞机库和其他大跨度厂房。

在古罗马已经有大跨度结构,如公元120—124年建成的罗马万神庙,穹顶直径达43.3 m,用混凝土浇筑而成。

大跨度建筑真正得到迅速发展是在19世纪后半叶以后,1889年为巴黎世界博览会建造的机械馆,跨度达到115 m,采用三铰拱钢结构;又如法国巴黎的法国工业技术中心展览馆,它是三角形平面的建筑,每边跨度达到218 m,高48 m,总面积为9万 m²,采用双层薄壳结构,壳的厚度仅6.01～12.1 cm,建于1959年。目前,世界上跨度最大的建筑是美国底特律的韦恩县体育馆,其圆形平面直径达266 m,为钢网壳结构。

我国于20世纪70年代建成的上海体育馆,其圆形平面直径为110 m,为钢平板网架结构。目前,以钢索及膜材做成的结构最大跨度已达到320 m,见图6.11。

大跨度建筑迅速发展的原因,一方面是社会发展需要建造更高大的建筑空间,来满足群众集会、举行大型的文艺体育表演、举办盛大的各种博览会等需求;另一方面则是新材料、新结构、新技术的出现,促进了大跨度建筑的进步,见图6.7。

图 6.7　新型大跨度建筑代表——中国国家体育场

大跨度建筑的主要结构类型包括:

(1)拱券结构及穹隆结构

自公元前开始,人类已经对大型建筑物提出需求,但当时的技术还不能建造大型屋顶,因此,这些大型建筑都是露天的(如古罗马斗兽场),仅局部采用拱券结构图,见图6.8。

穹隆结构也是一种古老的大跨度结构,早在公元前14世纪就有采用。到了罗马时代,半球形的穹隆结构已被广泛地运用,例如万神庙。神殿的直径为43.3 m,屋顶就是一个混凝土的穹隆结构,见图6.9。

(2)桁架结构与网架结构

桁架也是一种大跨度结构,虽然它可以跨越较大的空间,但是由于其自身较高,而且上弦一般又呈曲线的形式,所以只适合作屋顶结构,见图6.10。

(3)网架结构

网架结构是一种新型大跨度空间结构,具有刚度大、变形小、应力分布均匀、能大幅度地减轻结构自重和节省材料等优点。它可以用木材、钢筋混凝土或钢材来制作,具有多种形式,使用灵活方便,可适用于多种平面形式的建筑,见图6.11。网架结构按外形分为平板网架与壳形网架。平板网架一般是双层,有上下弦之分。壳形网架有单层、双层、单曲和双曲等。与一般钢结构相比,网架可节约大量钢材和降低施工费用。另外,由于空间平板网架具有很大的刚度,所以结构高度不大,这对于大跨度空间造型的创作,具有无比的优越性。

图6.8　拱券结构——古罗马斗兽场

图6.9　穹窿结构——罗马万神庙

图6.10　桁架结构——某生产车间

图6.11　网架结构——上海体育馆

（4）壳体结构

壳体结构厚度极小,却可以覆盖很大的空间。壳体结构有折板、单曲面壳和双曲面壳等多种类型。壳体结构体系非常适用于大跨度的各类建筑,如悉尼歌剧院(图6.13),其外观为三组巨大的壳片,耸立在一南北长186 m、东西最宽处为97 m的现浇钢筋混凝土结构的基座上。

（5）悬索结构

悬索结构跨度大、自重轻、用料省、平面形式多样、运用范围广。它的主剖面呈下凹的曲面形式,处理得当既能顺应功能要求又可以节省空间和降低能耗;它的形式多样,可以为建筑形体和立面处理提供新形式,见图6.14;由于没有烦琐支撑体系,因此是较为理想的大跨度屋盖结构的选型。悬索结构体系能承受巨大的拉力,但要求设置能承受较大压力的构件与之相平衡。

（6）膜结构

膜结构是以性能优良的织物为材料,或是向膜内充气,由空气压力支撑膜面,或是利用柔性钢索或刚性骨架将膜面绷紧,从而能够覆盖大面积的结构体系。膜结构自重轻,仅为一般屋盖自重的1/30～1/10,见图6.15。

图 6.12　法国国家工艺与技术中心

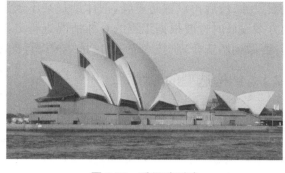

图 6.13　悉尼歌剧院

图 6.14　悬索结构——日本代代木体育馆

图 6.15　膜结构——中国国家游泳馆

6.1.4　异形造型

　　当今世界,出现了越来越多的具有异形化造型倾向的建筑。地标性建筑如体育场馆、博物馆、展览馆、音乐厅、电视台、歌剧院等,往往采用复杂的曲面造型来传达设计师的理念,形成具冲击力的视觉效果,并营造独特的文化氛围。从国家大剧院的"巨蛋"、奥运会的"鸟巢"、央视大楼的"大裤衩",再到东方之门的"秋裤",人们对异形建筑的争议从来没有停止过。需要指出的是,评价一个建筑物不能仅看其造型和外立面,应该多加思考,同时看它是否能够经得起时间的考验。

　　异型建筑有很多突破常规的地方,这使得它在设计、施工中均存在诸多需要解决的课题。与常规造型的结构相比,它在形体建模、表面划分、结构模型提取及分析、光学声学分析、冷热负荷计算、可持续优化等诸多方面,均需要通过特定的手段才能加以解决,异型建筑的绘图也需采用专门软件才能完成。施工方面,异型建筑必须结合三维数字模型,并借助于一定的程序代码才能提取出信息,指导构件的加工制作安装。

6.2　民用建筑结构选型

　　建筑设计着重于建筑的适用及美观,而结构设计更重要的是房屋的安全。要做到房屋既实用美观,又安全可靠,要求建筑设计和结构设计必须相互配合,如地震区建筑设计应符合抗震概念设计的要求,不应采用严重不规则的设计方案。不然,则首先要调整建筑平面尺寸和立面尺寸,然后再设置防震缝,把体型复杂不规则的建筑划分为多个较规则的结构单元。结构方案设计时也要根据工程的具体情况进行方案比较,除安全适用外,还要进行技术经济分析,要做到经济合理、技术先进,这是结构设计的基本原则,也是结构选型的原则。

6.2.1　结构选型的原则

1)结构安全

①房屋结构单元平面及竖向布置应符合规范要求,不能出现严重不规则的结构单元。对于体型复杂、严重不规则的建筑,应通过调整建筑方案或设防震缝来满足规范要求。设防震缝应考虑结合伸缩缝、沉降缝及施工缝的设置。

②各种结构的最大适用高度及高宽比,在规范中均有规定,结构选型应在最大适用高度范围内选择。适用高度的高低能够反映出各种结构的承载能力及抗风、抗震能力,是结构安全重要的可比条件。

③结构防火属结构安全重要的条件之一。木材本身就是燃烧体,因此很多房屋不能采用木结构或木构件。钢构件本身的耐火极限很低,必须采取有效的防火措施,才能达到一定的耐火等级。相比之下,混凝土结构和砌体结构耐火性能就要好得多。

④房屋设计使用年限要求结构有足够的耐久性,这也是结构安全的一个条件。各种结构都有影响耐久性的因素,如木结构的腐烂和虫蛀、钢结构的锈蚀、砌体材料的风化、混凝土的碱集料反应等。碱集料反应是指混凝土集料中某些活性矿物(活性氧化硅、活性氧化铝等)与混凝土微孔中的碱溶液发生的化学反应,其反应生成物体积增大,会导致混凝土结构发生破坏。

2)适用

适用性是指需要满足使用功能的要求。各种房屋都有不同的使用功能,基本都反映在建筑方案中,如房屋用途、平立面布置、层数及高度、有无地下室及其他用途等。各种用途的房屋都有不同的使用特点,如住宅分单元使用,要求空间不大;办公楼要有明亮及空间较大的办公室;教学楼以教室为主,人流密集,需要明亮的大空间;影剧院分前厅、观众厅、舞台、休息室等不同使用功能区,观众厅及舞台要求大空间;体育馆要求空间最大,若有看台则人流更密集,疏散要求更高。各种结构对于使用功能适用程度不一样,现从以下几个方面进行比较。

①建筑平面布置的灵活性(按从好到差排列):钢结构、混凝土框架、框架-剪力墙、板柱-剪力墙、筒体、剪力墙、砌体结构、木结构。

②结构高度的适用性(按从高到低排列):钢结构、钢-混凝土混合结构、混凝土筒中筒、框架-核心筒、剪力墙、框架-剪力墙、部分框支剪力墙、框架、板柱-剪力墙、砌体结构、木结构。

③与地下结构的协调性(按从好到差排列):混凝土结构、砌体结构、钢结构、木结构。

④空间大小的适应性(按从大到小排列):钢结构、混凝土排架、框架、框架-剪力墙、筒体、板柱-剪力墙、剪力墙、砌体结构、木结构。

3)经济合理

影响房屋土建造价的因素主要是结构材料的价格,综合造价还应考虑以下因素:结构自重会影响地震作用大小及基础工程量大小；结构施工方便、工期短，将会降低成本；结构维护费用会影响房屋造价，如结构防火、防腐等。现就上述几方面作简单比较。

①结构材料价格（按从低到高排列）：木结构、砌体结构、混凝土结构、钢结构。

②结构自重（按从轻到重排列）：木结构、钢结构、混凝土框架、框架-剪力墙、板柱-剪力墙、筒体、剪力墙、砌体结构。

③结构施工工期（按从短到长排列）：钢结构、木结构、混凝土结构、砌体结构。

④结构维护费用（按从低到高排列）：混凝土结构、砌体结构、钢结构、木结构。

4）技术先进

技术先进主要是指结构体系应推广应用成熟的新结构、新技术、新材料、新工艺，有利于加快建设速度，有利于工业化、现代化及确保工程质量。按上述条件，各结构体系技术先进性排列如下：

①钢结构：钢结构构件可以在工厂大批加工，现场组装，工业化程度高，建设速度快，工程质量易保证。钢结构可与各种新型装配式板材配套使用，且钢材可重复利用，有利于环保和节能。钢结构强度高、自重轻，是超高层建筑常用的结构形式，钢结构中的各类筒体结构是高层建筑适用高度最高的结构，钢网架或钢网壳常用于空间结构中。随着钢结构的广泛应用，其技术将不断发展。

②混凝土结构：混凝土结构体系中的结构形式很多，技术发展很快，不断派生出新的结构形式，如钢-混凝土混合结构、异形柱框架结构、短肢剪力墙结构等。为提高混凝土结构的建筑高度，可采用高强度混凝土、钢管混凝土及型钢混凝土等新结构、新技术、新材料。预应力技术已广泛应用在混凝土梁、板、柱中，混凝土预制构件可实现工厂化生产，且各种施工新工艺不断涌现，加快了房屋建设速度，因此，混凝土结构是高层建筑用得最多的结构形式。

③砌体结构：随着黏土砖的逐步淘汰，各种节能、环保、高强的砌体材料不断发展，构造措施日益完善，因此，砌体结构仍然具有发展前途，是单层及多层建筑的主要结构形式，而且配筋砌体剪力墙结构扩展了砌体结构应用范围。但砌体结构劳动生产率低，不利于加快建设速度。

④木结构：我国森林资源不太丰富，基于环保要求不能大量砍伐木材，因此工程中限制使用木结构，从而使木结构技术的应用和发展受到制约，现代木结构技术含量低。且木结构最多只能建到三层楼，还有防火、防腐、防蛀等问题，因此木结构设计方案选择面很窄。

6.2.2 结构选型

当拿到某一建筑方案时，首先应了解房屋的使用功能，如房屋的用途、房屋的高度及整体布局等；接着应该了解建设地区的地震基本烈度、基本风压、工程地质、场地土类别，以及当地结构材料供应情况、施工技术条件等；然后根据上述设计原则进行综合分析对比，选择合理的结构形式。一般先在房屋适用高度范围内选出若干可能的结构，进行使用条件的分析对比，然后再进行经济条件和技术条件的分析对比。下面列举一些房屋的结构选型供参考：

①当房屋高度超过 B 级高度钢筋混凝土高层建筑的最大适用高度时，钢结构是唯一的选择。若房屋体型为板式楼，宜选框架-支撑（剪力墙板）钢结构；若房屋体型为塔式楼，宜选各类筒体钢结构。注：这种高度的房屋一般都是办公楼。

②钢-混凝土混合结构中有钢框架-混凝土剪力墙、钢框架-混凝土核心筒、钢框筒-混凝土核心筒等三种结构,其适用高度与混凝土结构中的框架-剪力墙、剪力墙、筒体结构相当。此高度范围的高层建筑要进行使用条件的比较,如:剪力墙结构空间小,不适合办公楼,而适合高层住宅、公寓及旅店中的客房等;塔式办公楼把电梯间、楼梯间、管道间等集中布置在楼中间,其混凝土墙周边闭合形成核心筒,这样可选用混凝土框架-核心筒或钢框架-混凝土核心筒结构,若高度较高可选用钢框筒-混凝土核心筒结构;板式办公楼把电梯间、楼梯间、管道间等分散布置,其混凝土墙周边不闭合,可选用混凝土框架-剪力墙或钢框架-混凝土剪力墙结构。

③教学楼、病房楼一般不太高,多为板式楼布置。高层教学楼、病房楼可选用混凝土框架-剪力墙结构,多层教学楼、病房楼、办公楼可选用混凝土框架结构。

④多层住宅、公寓及旅店中的客房等房屋,适用其高度的结构很多,需要认真进行综合分析对比。在砌体结构适用高度范围内,宜选砌体结构。在砌体结构适用高度范围外,可选用混凝土框架结构、异形柱框架结构、短肢剪力墙结构、内浇外砌剪力墙结构等。纯剪力墙结构对于多层房屋不大经济,不宜大量采用。钢结构技术最先进,但目前对于多层住宅还处于研究开发阶段,也不宜大量采用,且适用高度太高的结构,用于多层房屋则很不经济,因此不宜采用。

⑤体育馆、影剧院、文体活动中心等大空间屋盖结构,宜选用钢结构。跨度不太大的长方形屋盖,宜选用钢屋架结构。若双向跨度很大及近似正方形或圆形屋盖,宜选用钢网架或钢网壳结构。

6.2.3　建筑施工技术

1)3D 打印技术

3D 打印技术已被广泛用于制造业等领域,也开始向建筑业延伸,这项技术将来甚至可以彻底颠覆传统的建筑行业。据估计,3D 打印的建筑不但质量可靠,还可节约建筑材料 30% ~ 60%、缩短工期 50% ~ 70%、减少人工 50% ~ 80%。图 6.16 为 3D 打印建筑的施工现场。有了这种技术的支撑,设计师能够大胆尝试设计"火星冰屋",使之在理论上具备建造的可行性,见图 6.17。"火星冰屋"设计是美国举办的 3D 打印栖息地挑战设计大赛获奖作品,据设计者介绍,火星冰屋采用透明冰块进行 3D 打印,可以使宇航员免遭放射性伤害,同时在火星夜晚成为发光灯塔。一旦"火星冰屋"建造完成,膨胀膜将成为房屋外部和火星大气层之间的间质环境,成为宇航员的"后院",但是宇航员进出时必须佩戴氧气面罩。依据设计方案,"火星冰屋"具有 4 层结构,包括图书馆、厨房和垂直温室。未来宇航员可使用一个登录器作为"火星冰屋"的基础,最终"火星冰屋"将包含私人和公共内部空间。

2)BIM 技术

BIM(建筑信息模型)不仅将数字信息进行集成,还是一种将数字信息用于设计、建造、管理的数字化方法。这种方法支持建筑工程的集成管理环境,可以使建筑工程在其整个进程中显著提高效率、减少大量风险。BIM 技术是一种应用于工程设计建造管理的数据化工具,通过参数模型整合各种项目的相关信息,在项目策划、运行和维护的全生命周期过程中进行共享和传递,使工程技术人员对各种建筑信息作出正确理解和高效应对,为设计团队以及包括建筑运营单位在内的各方建设主体提供协同工作的基础,在提高生产效率、节约成本和缩短工期方面发挥重要作用。

3）卫星定位技术

利用北斗或 GPS 卫星定位，除可对建筑及场地的施工精确定位以外，还可以对工程量进行更精确计算。总平面图里，建筑及场地的关键点的定位，都是利用大地坐标，借助卫星提供的信息进行的，大大提高了施工放线的精度。

图 6.16 3D 打印建筑施工现场

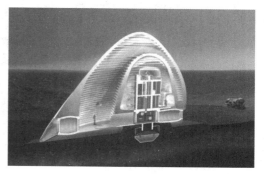

图 6.17 火星冰屋

6.3 新建筑与技术

6.3.1 新型或特别的材料

新材料或一些特别的建筑材料，也会催生新的建筑形式，促进建筑属性的优化和进化。

（1）金属外围护

钛金属板经过特殊氧化处理，其表面金属光泽极具质感，且具备耐候性。钛金板用于建筑外围护构件，使建筑外观为之一新。毕尔巴鄂的古根海姆博物馆外表覆盖了 3.3 万块钛金属板，建筑的色彩随天空的色彩变化而多姿多彩，见图 6.18。中国国家大剧院的外表也采用了 1.8 万块钛金属板。

（2）GRC

GRC 即玻璃纤维增强混凝土，是一种通过模具造型，使建筑构件较轻而造型、纹理、质感与色彩变化多端，能充分表达设计师想象力的材料，见图 6.19。

图 6.18 毕尔巴鄂的古根海姆博物馆

图 6.19 南京青奥中心

（3）GRG

GRG 是预制玻璃纤维加强石膏板，它有足够的强度，可制成各种平板或各种艺术造型，常用于室内空间的再塑造，以及建筑构件的制作，见图 6.20 和图 6.21。

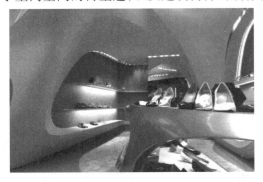

图 6.20　GRG 塑造空间界面

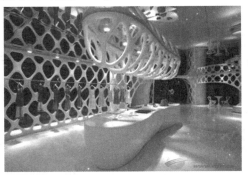

图 6.21　GRG 制作建筑构件

（4）ECM 外墙装饰挂板

ECM 外墙装饰挂板产品采用特种轻质硅酸盐材料、活性粒子渗透结晶防水材料等十几种材料经科学配方加工而成，可以塑造很多异型的建筑构件，也可以模仿各种石材、木材、金属板等建筑材料。其效果见图 6.22 和图 6.23。

图 6.22　ECM 外墙构件

图 6.23　ECM 外墙板

（5）生态墙顶技术

使用这种技术，能在建筑外表面上栽花种草，可以塑造良好的生态效应和新型的建筑外观，见图 6.24 和图 6.25。

图 6.24　植被混凝土屋面

图 6.25　种植外墙

（6）光伏材料

光伏材料使用太阳能与建筑一体化应用技术，既可利用建筑外表获得清洁能源，又使建筑获得全新的外观，见图 6.26 和图 6.27。

图 6.26　太阳能光伏技术用于建筑

图 6.27　太阳能光伏建筑

（7）新光源

新光源包括 LED、光导纤维和发光纤维技术，既节省能源，又为建筑与环境增光添彩，见图 6.28 和图 6.29。

图 6.28　水立方的 LED 灯光

图 6.29　光导纤维将阳光引入地下空间

LED 灯可制成各种灯具和点光源，适宜大面积分布，它消耗电能较少，效果独特，见图 6.30。光导纤维可借助一个光源产生众多的发光点，塑造出变化万千的发光效果，见图 6.31。

图 6.30　LED 灯

图 6.31　光导纤维灯具

6.3.2 新型或特殊的结构形式

新颖的建筑造型,一般采用新型的或特殊的结构形式及新材料。

(1)索网结构

例如,哈萨克斯坦的成吉思汗后裔帐篷娱乐中心,就采用了索网结构,以 ETFE 材料做外围护结构,见图 6.32。

(2)混合框架+核心筒结构

北京怀柔的金雁饭店,采用了混合框架+核心筒结构及太阳能幕墙,造型独特,节能环保,见图 6.33。

图 6.32 成吉思汗后裔帐篷   图 6.33 金雁饭店

(3)膜结构

膜结构是由多种高强薄膜材料及加强构件(钢架、钢柱或钢索)通过一定的方式使其内部产生一定的预应力以形成某种空间形式,作为覆盖结构,并能承受一定的外部荷载作用的一种空间结构形式。特别是 ETFE 膜,已用于如中国的鸟巢、水立方,英国的"伊甸园"生态温室(图 6.34)等建筑。此外,张拉膜也广泛用于建筑表皮,例如上海世博会建筑——上海之轴,见图 6.35。

图 6.34 英国的"伊甸园"生态温室   图 6.35 上海世博会建筑——上海之轴

而迪拜的阿拉伯塔酒店,则采用了双层膜结构建筑形式,造型轻盈、飘逸,具有很强的膜结构特点及现代风格,见图 6.36。

（4）异形钢结构

上海光源：圆环建筑，为钢筋混凝土框排架结构体系，屋盖为异形钢结构屋盖，与混凝土框排架柱的连接为固定铰支座及弹性限位支座，造型由8组螺旋上升的钢筋混凝土拱壳面及弧形玻璃条带共同组成，见图6.37。

图6.36 阿拉伯塔酒店

图6.37 上海光源

6.3.3 建筑智能化

在中国国家标准《智能建筑设计标准》（GB 50314—2015）中，对智能建筑的定义如下：以建筑物为平台，基于对各类智能化信息的综合应用，集架构、系统、应用、管理及优化组合为一体，具有感知、传输、记忆、推理、判断和决策的综合智慧能力，形成以人、建筑、环境互为协调的整合体，为人们提供安全、高效、便利及可持续发展功能环境的建筑。因此，可以了解到建筑智能化的目的，就是为了实现建筑物的安全、高效、便捷、节能、环保、健康等属性。

建筑智能化工程又称弱电系统工程，主要指通信自动化（CA）、机电设备自动化（BA）、办公自动化（OA）、消防自动化（FA）和保安自动化（SA），简称"5A"。

6.4 计算机辅助设计技术

计算机辅助设计软件能帮助建筑师和设计师提高设计效率，更好地保证设计质量，增强和丰富了设计表达手段。其中，与建筑设计关系密切的有如下一些软件：

①CAD 和天正：主要用于绘制设计图。

②Photoshop：用于设计图的着色、填充图案、贴图等，用于绘制彩色表现图或效果图，助力色彩设计。

③3d Max：能生成虚拟的三维造型或空间，产生照片一样的虚拟的三维立体的表达效果，细节效果好，适合用于建筑设计（特别是室内设计），软件功能强大，但不易掌握，见图6.38。

④SketchUp：能生成虚拟的三维造型或空间，细节（例如材质和色彩）效果不如 3d Max，但易于掌握。它与 3d Max 一样，有大量的三维模型库，可重复利用以提高效率，见图6.39。

图 6.38 3d Max 制作的建筑三维效果

图 6.39 SketchUp 制作的三维效果

⑤Lightscape：是一种先进的光照模拟和可视化设计系统，用于对三维模型进行精确的光照模拟和灵活方便的可视化设计。Lightscape 是目前唯一同时拥有光影跟踪技术、光能传递技术和全息技术的渲染软件，它能精确模拟漫反射光线在环境中的传递，获得直接和间接的漫反射光线，使用者不需要积累丰富实际经验就能得到真实自然的设计效果，见图6.40。

⑥Lumion：也被称为简易动画，是一个实时的 3D 可视化工具，用来制作电影和静帧作品，涉及的领域包括建筑、规划和设计，见图 6.41。

图 6.40 Lightscape 制作的室内效果

图 6.41 Lumion 制作的静态效果图

⑦V-Ray：V-Ray 是目前业界最受欢迎的渲染引擎。基于 V-Ray 内核开发的有 V-Ray for 3d Max、Maya、SketchUp、Rhino 等诸多版本，为不同领域的优秀 3D 建模软件提供了高质量的图片和动画渲染，方便使用者渲染各种图片，见图 6.42。

⑧犀牛（Rhino）软件：可以快速地做出各种优美曲面的建筑造型，因简单的操作方法、可视化的操作界面而深受广大设计师的欢迎。其辅助设计的建筑三维造型效果见图6.43。

⑨蚂蚱（Grasshopper）软件：可以帮助设计师快速制作生成复杂的建筑表面肌理等，见图6.44。

⑩Odeon（室内声学预测软件）：这款软件能很好地处理室内声学及扩声系统，可用于几何形状比较复杂的厅堂、剧院、音乐厅、教堂、运动场、开放式办公室、门厅、餐厅、录音室、地铁站、机场、工业环境及室外场所的声学设计，见图 6.45。

图 6.42 3d Max 和 V-Ray 共同制作的效果图

图 6.43 Rhino 软件辅助设计

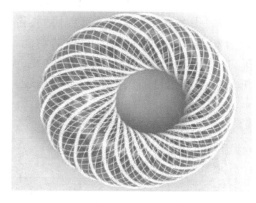

图 6.44 Grasshopper 软件辅助设计

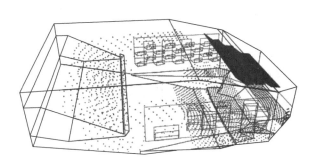

图 6.45 Odeon 软件做室内声学分析

⑪Radiance 建筑光环境分析软件:是美国能源部下属的劳伦斯伯克利国家实验室（LBNL）于 20 世纪 90 年代初开发的一款优秀的建筑采光和照明模拟软件包,被广泛地应用于建筑采光模拟和分析,可帮助设计师塑造更好的光照设计效果,见图 6.46。

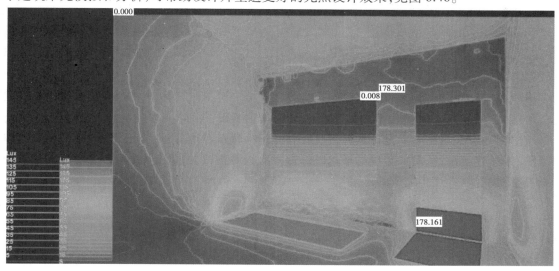

图 6.46 Radiance 软件分析室内光照

⑫Ecotect 软件:可持续建筑设计及分析工具,可做建筑能耗分析,热工性能、水耗、日照分

析,阴影和反射等分析。

⑬BIM 技术软件:BIM 的英文全称是 Building Information Modeling,国内较为一致的中文翻译为建筑信息模型。目前常用的 BIM 软件数量众多,但市面上的核心建模软件为美国 Autodesk 公司的 Revit 系列软件,包括 Autodesk Revit Architecture、Autodesk Revit MEP 和 Autodesk Revit Structure。

Revit 软件上手难度较低,UI 界面(见图 6.47)简单,支持通过分析材料、数量、太阳位置和日照效果,实现智能化程度更高、可持续性更强的设计;可与合作伙伴应用交换建筑信息,以进行能源分析并更好地预测建筑性能;使用 Revit 可以导出各建筑部件的三维设计尺寸和体积数据,为概预算提供资料,资料的准确程度同建模的精确成正比;在精确建模的基础上,用 Revit 建模导出的各个图纸协同程度及准确程度较高;其他软件解决一个专业的问题,而 Revit 能解决多专业的问题。Revit 不仅有建筑、结构、设备,还有协同及远程协同,带材质输入3d Max的渲染,云渲染,碰撞分析,绿色建筑分析等功能;具有强大的联动功能,平、立、剖面及明细表双向关联,一处修改,处处更新,自动避免低级错误;能提供重要的 BIM(建筑信息模型)数据,以进行冲突检测、施工分析和构建。在目前国内建筑市场,核心建模软件中 Revit 的市场占有率最高。

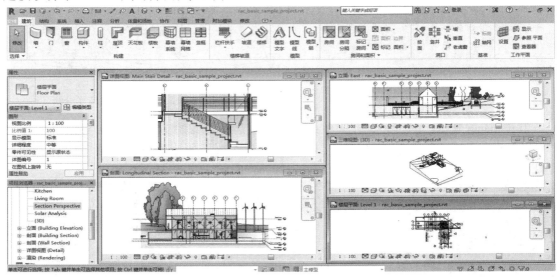

图 6.47　Revit 软件界面

此外,还有大量的辅助设计软件,包括结构设计、建筑经济分析、施工管理的软件等,已被广泛应用于建筑设计,例如盖里的毕尔巴鄂古根海姆博物馆,造型复杂,其结构设计就是借助一种航空设计软件逐步完成的。

7

建筑的经济性与设计

※本章导读

通过对本章的学习，应了解建筑经济性的概念及其在建筑活动中的重要影响，熟悉经济性在建筑设计前期的体现、在建筑创作构思中的体现，以及在建筑方案创作过程中如何考虑经济性。熟悉经济性在建筑活动中的重要作用，了解如何在设计过程中实现经济性目标，帮助设计人员从思想上建立起对建筑设计与经济之间相互关系的正确认识，能在创作实践中合理利用各种资源，使建筑作品具有较好的效益。

7.1 建筑经济性的概念

建筑经济性的内容应当包括：建筑物新建、改建或扩建的总投资；建筑物交付使用后，经营、投入生产、管理维护费用及盈亏的综合经济效益；建筑物的标准，即每平方米建筑面积的造价；设计和施工周期所耗的时间；建筑物的经济技术指标，如建筑密度、容积率、建筑层高、层数等，通过控制指标力求合理利用空间，节约有限的用地；进行前期可行性研究，防止重复性建设；建筑空间立体发展，综合安排地下建筑空间以节约用地；建筑物的空间设计能够满足多功能活动的灵活展开，在不同时期最大限度地利用建筑物。

7.1.1 投入与产出

著名的法国建筑大师勒·柯布西耶曾经说过："建筑师必须认识建筑与经济的关系，而所谓经济效益，并不是指获得商业上的最大利润，而是要在生产中以最少的（劳动）付出，获得最大的实效。"以最低的成本建造出符合要求的建筑才是最经济的。在建筑设计中融入经济性理念,也就是在进行设计时既要考虑建筑功能上的需要,又要考虑建筑成本的支出。评价一项建筑工程也要综合分析建筑的外观、功能以及成本支出。经济性好的建筑,不是低投入、高消耗的建筑,而是能够合理地支配土地、资金、能源、材料与劳力等建设资源,并在长期的综合比较后能够保持数量、标准和效益三者之间适当平衡且相对经济的建筑;是一种不仅外形美观而且建造、管理以及维修等所有费用都相对合算的建筑;是在建筑投入使用后,不经过新的投资或是投入较少的资金却仍能保证可持续运转的建筑。对我国这样的发展中国家来说,寻求良好的经济效益是很有必要的。

7.1.2　全寿命过程

从一项建筑工程的计划、设计、建造直到建成后的使用,这些阶段都是前后相继、相互关联的,我们可以将这整个一系列的过程称之为"全寿命过程"。

在前工业社会中,建筑物的费用绝大部分体现在一次建造中。但是,随着科学技术的不断发展,建筑物为了满足多种使用功能要求,增添了采暖、通风、照明、电梯等各种设施。这些设施及整个建筑物在建成之后的经常运行及管理中,还要有相当大的费用支出。在能源短缺的形势下,这种经常性的支出往往要高出建筑物一次造价,甚至高出几倍之上。国外一些数据显示,一项民用建筑物的一次投资以及经常运行管理费用的比例为 1∶4 至 1∶6,建筑物后期的运营费用远高于一次投资。因此,尽量控制和减少建筑物后期运营费用显得特别重要。

为了达到经济的目标而盲目压低造价,忽视建筑物长期使用中的经常消耗,也会使建筑的全寿命费用增加而造成浪费。例如,中华人民共和国成立初期的一些建筑为了节省建筑材料和造价,用减薄砖墙、把双层玻璃改为单层等方法来降低墙体维护结构的厚度,造成维护结构保温性能的不足。这样虽然节省了第一次投资,降低了建筑造价,却会引起经常性采暖能耗的增加,实际上降低了建筑效益。

建筑的经济性不仅要重视节约第一次投资,还要重视交付使用后的能源耗费和经营管理费用开支。建筑师的任务也不仅仅限于研究如何节约一次造价,还要把包括建筑物投入使用以后的长期支出(即全寿命费用)与它产生的收益相比较,一起达到最佳的产品效益。

实践中,建筑师要建立"全寿命过程"经济性理念,全面掌握建筑结构、材料、设施、设备的性质、性能和各项技术指标,以及它们在建筑使用中的重要性、所占投资的比例,结合不同的经济条件和使用目的加以分析、综合,以提高建筑建造、运营过程的整体经济性。

7.1.3　近期与远期相结合

建筑设计一定要考虑长远利益,只考虑眼前利益而造成建筑需短期内改造和改建的行为会造成巨大的经济损失。当建筑物的用途要求发生改变、原先满足功能要求的建筑可能不再适应新的功能需要时,建筑物长期的经济效益就会有所降低。建筑师要有长远的观点,设计过程中对建筑物所能满足的功能要求以及在将来可能花费的费用等都要充分考虑,既合理布置建筑最初所要满足的使用功能,又要考虑到将来建筑所能适应的使用要求。

7.1.4　综合效益观念

建筑物作为一项物质产品,应当产生经济、社会及环境三方面的效益。这三种效益随着产品性质不同各有所侧重,但是每个产品应尽可能地兼顾这三个方面。建筑师要树立综合效益观念,全面地理解建筑经济性的含义。

在与环境、社会两大效益的相互关联中,经济效益起到的是基础性的作用。没有经济效益的建筑,其环境效益、社会效益也无从谈起。反过来,建筑活动只有在有效地塑造出舒适的空间环境、体现出良好社会效益的基础上,才能最终实现其经济效益。随着建筑性质的变化,三者之间会各有所侧重,但是任何情况下都要尽可能地兼顾协调这三个方面。不管是为了经济效益而忽视环境和社会效益,还是只从远景和环境效益出发,提出过高的建设要求,使投资者无利可图,都是片面的做法。建筑是应当从社会利益、城市与建筑整体的环境效益、业主投资者的经济利益以及整体的经济效益出发,来进行建筑创作。

建筑设计的经济性目标并不是单纯地指一时一地的高经济回报,而是要重视对环境和生态的保护、对资源的节约使用和再利用等。世界上的可用资源是有限的,我们必须有效合理地分配使用这些资源。片面追求经济的增长,对自然资源的过度消耗,只会严重损坏人类的生存环境。任何情况下都要强调经济效益、环境效益和社会效益三者的统一。

7.2　建筑设计过程中的经济性考虑

建筑设计是基本建设的首要环节,建筑设计阶段可以有效地控制项目投资。研究表明,房地产项目的初步设计阶段影响工程造价的程度为75%,施工图设计阶段影响工程造价的程度为25%~30%,而施工阶段影响工程造价的程度为5%~10%。由此可见,要有效地控制项目投入,应首先在投资决策和设计阶段中解决工程造价问题。建筑师不仅要知道如何设计建筑物的外形和内部布局,还要了解建筑结构形式、外部环境以及各种费用之间的相互关系,只有这样才能设计出经济可行的方案。

建筑设计总是在一定的经济条件约束下进行的,只有技术上先进可靠、经济上合理可行的建筑产品才能被社会接受。随着建筑领域科学技术的发展,出现了许多新的建筑设计理论、新的结构形式、新型建筑材料,以及新型施工机械和施工工艺,这些科技因素都会对建筑经济性产生很大的影响。设计师可以通过更加有效灵活地利用空间,提高建筑的使用价值;也可以通过选择最为合适的材料以及简化施工方法等来降低建筑成本,并使方案适用于可采用的各种材料和构配件的范围;还可以通过提高结构耐久性或延缓建筑产品的老化来减少维护费用和其他费用,相应提高产品的收益价值。

建筑设计的各个环节中都可以采用不同的设计策略以提高建筑的经济性。但是,对于建筑设计的全过程而言,用地布局,空间利用,结构及形式,建材、设备、施工方案的选择,以及室内外各工程的设计合理性等,都应在进行全面分析比较、充分研究项目的经济可行性之后,选择出最佳的解决方案。

7.2.1　准确把握建筑总图布局

总图布局是建筑设计中的一个重要环节,是在对建设用地进行全面分析的基础之上,全面、综合地考察影响场地设计的各种因素,因地制宜、主次分明、经济合理地对建设用地的利用作出总体安排。

1)总图布局中的节约用地

建筑师在设计时,应当充分考虑用地的经济性,尽量采用先进技术和有效措施,寻求建设用地的限制与建筑意向之间的最佳结合点,使场地得到最大限度的利用,使设计得到最有利可图的允许用途。

（1）充分利用地形

为了适应基地形状,充分发挥土地的作用,可以采用将建筑错落排列、利用高差丰富空间效果、在建筑群的交通联系上进行精心设计等方法。在用地中,较完整的地段可以布置大型的较集中的建筑组群;在零星的边角地段,可以采用填空补缺的办法,布置小型的、分散的建筑或点式建筑。例如,上海重庆南路中学的总平面图布局中,充分考虑了用地形状,将教学楼体型与用地形状很好地结合,在用地很小的情况下留出了较为完整的运动场地,并保证了教室良好的朝向和通风条件(图7.1)。

对于坡地、地脊等特定的场地来说,更应因地制宜地利用山坡的自然地形条件,根据建设项目的特点进行总体布置,力求充分发挥用地效能。在考虑充分结合地形时,还需综合考虑建筑朝向、通风、地质等条件,尤其是山地丘陵等地质较为复杂的地形,只有在对地质做全面了解之后才能做出合理的总体布局。

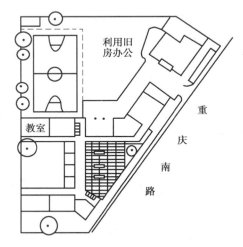

图7.1 上海重庆南路中学总平面图

坡地地形中,建筑与地形之间不同的布置方式会对造价产生不同的影响。建筑与等高线平行布置,当坡度较缓时,土石方及基础工程均较省;坡度在10%以下时,仅需提高勒脚高度,建筑土石方量很小,对整个地形无须进行改造,较为经济;坡度在10%以上时,坡度越大,勒脚越高,经济性进一步下降,此时应对坡地进行挖填平整,分层筑台;坡度在25%以上时,土石方量、基础及室外工程量都大大增加,宜采用垂直等高线或与等高线斜交的方式布置。垂直等高线布置的建筑,土石方量较小,通风采光及排水处理较为容易,但与道路的结合较为困难,一般需采用错层处理的方式。与等高线斜交的布置方式,有利于根据朝向、通风的要求来调整建筑方位,适应的坡度范围最广,实践中采用得最多。

（2）避开不利的地段

建设项目的选址,必须全面考虑建设地区的自然环境和社会环境,对选址地区的地理、地形、地质、水文、气象等因素进行调查研究,尽量选择对建筑稳定性有利的场地,不应在危险地段建造建筑(如软弱地基、溶洞或人防、边坡治理难度大的地方等),选择地下水位深、岩石坚硬及粗粒土发育的地段。同时,从环境保护角度出发,应尽量避免产生污染和干扰,统一安排道路、绿化、广场、庭院建筑小品,形成良好的环境空间。

（3）合理规划布局及功能分区

在总平面图布局过程中,要结合用地的环境条件以及工程特点,将建筑物有机地、紧密地、因地制宜地在平面和空间上组织起来,合理完成建筑物的群体配置,使用地得到最有效的利用,提高场地布局的经济性。场地的使用功能要求往往与建筑的功能密不可分。例如,在中小学的总平面图布局中,应充分考虑各类用房的不同使用要求,将教学区、试验区、活动区和后勤区分别设置,避免相互交叉,并保证其使用方便。在进行总平面图设计时,还要考虑长远规划与近期建设的关系,在建设中结合近期使用以及技术经济上的合理性。近期建设的项目布置应力求集中紧凑,同时又有利于远期建设的发展。

(4)合理布置建筑朝向及排列方式

合理布置建筑朝向、间距、排列方式,并使建筑与周围环境、设备设施协调配合,可以有效提高建筑容积率,节约用地。以住宅建筑为例,可以看出建筑朝向及排列方式对建筑用地的影响。

①行列式布置。行列式布置是住宅群布置的最为普通的一种形式,这种布置形式一般都能够为每栋建筑争取好的朝向,且便于铺设管网和布置施工机械设备。但千篇一律的平行布置会形成单调的重复,使空间缺乏变化。例如,在住宅小区的规划设计中,为提高容积率,住区的总平面设计中常会采用较为经济的行列式布局,使住宅具备朝向好、通风畅、节约用地、整体性强等优点。但是如果在建筑层数受到限制的情况下追求过高的容积率,总体的规划设计就会受到较大的限制,难以形成多元化的空间组织关系,小区环境的设计也会受到影响。设计中应兼顾经济效益、社会效益和环境效益,创造出符合现代居住生活和管理模式需要的居住空间来。

另外,适当加大建筑长度可以节约用地,但平行布置的两排住宅长度不宜过大,应结合院内长、宽、高的空间比例进行考虑,以免形成狭窄的空间。这时可以将住宅错接布置,或利用绿化带适当分隔空间。例如,上海阳光欧洲城四期经济适用房的规划设计中,虽然对容积率的要求不是很高,但是由于经济方面的原因,甲方不允许采用扭转围合、南入口处理等手法来营造多样的空间。设计者为适应住户对舒适、安全、环境等方面日益增高的标准,利用平接、错接的手法组织建筑单元,并创造出空间与平面形态变化流畅的绿地系统,避免了单调的住宅布局。

②自由多样化布置。自由多样化布置使几栋住宅建筑成一定的角度,在节约用地上有明显的优势,并且可以获得较为生动的空间效果。在地势平坦且满足日照通风等条件的情况下,采用相互垂直的布置能够获得大面积的完整、集中的内院,可以用于绿化或作为休息娱乐场所。而且,内院与内院之间通过空间上的处理相互联系,可以产生空间重复和有节奏感的效果。为了适应地形,住宅之间也常常会成一定角度斜向布置。这样的布置形式不仅可以与环境协调,结合地形节省土石方,还可以形成两端宽窄不等的空间,避免单调。

成角度的布置方式中,通过适当增加东西向住宅,可使其日照间距与南北向住宅的间距重叠起来,较好地利用地形并节约用地。南方地区应采取相应的措施尽量避免东西向房屋的西晒问题。例如,在南北向布置的条形住宅端头空地中布置一些点式住宅,能够较好地克服西晒并减少长条形建筑对日照通风的阻挡(图7.2)。

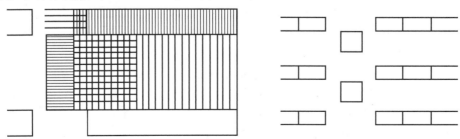

图7.2 房屋间距用地的重叠点式与条形住宅结合布置

③周边式布置。周边式布置是建筑沿街坊或院落周边布置的形式,这种布置形式形成近乎封闭的空间,具有一定的空地面积,便于组织公共绿地和小型休息场地,且有利于街景和商业网点布局,组成的院落也相对比较完整。对于寒冷及多风沙地区,还可阻挡风沙及减少院内积雪,有利于节约用地,提高建筑密度,不失为节约用地的一种方案。

在地形较为复杂的情况下,大面积统一采用一种布置方式往往是不容易的。因此,应当根据地形、地貌,结合考虑日照及通风,因地制宜地组织建筑布局。

(5)合理开发地下空间

随着城市的发展,城市内各种用地日趋紧张,地下空间的拓展可以扩大城市的可利用空间,促进城市土地的高效利用,带来巨大的社会效益和环境效益。从节约土地、节约能源和开拓新的空间等角度出发,对地下空间进行开发利用是一个必然的发展趋势。

地下交通的发展,可以节约大量土地,还具备准时快速、无噪声、节约能源、无污染等优点,并能有效地降低事故率和车祸率。地下空间的开发对城市历史文化的保护也有重要贡献。通过利用地下空间,我们还可以将一些诸如废物处理厂、垃圾焚化炉等影响城市景观的设施,以及产生大量噪声的工厂移到地下,减少地面污染。

经济性是影响地下空间开发利用的主要因素。由于自然环境、空气污染、安全及防火以及施工复杂等方面的问题,地下工程的建筑投资一般为地面相同面积工程建设的3~4倍,最高可达8~10倍。但是,衡量地下空间利用的经济性应当从社会效益、环境效益、经济效益三方面全面考虑。

2)总图布局中的环境效益

建筑师在设计的过程中常常考虑的是单体建筑,而对周围环境缺乏总体的考虑。但评价一个建筑物,不仅要看其本身价值,还要看其对周围环境的影响。环境条件直接影响工程项目的整体效益,这就需要建筑师在进行总体设计时能够将建筑单体设计与环境设计协调组织起来,充分考虑建筑与城市、建筑与建筑以及建筑与景观之间的关系。建筑师除了要保证自然环境质量的最低限度要求之外,还要创造一个良好的人造环境,并为用户留出足够的自我创造或自我改善的余地,以实现最佳或较佳的总体效益环境。

(1)适宜的建筑容积率与建筑高度

创造良好的建筑环境与建筑上追求商业利润的矛盾在我国比较突出。现在许多大中城市的建筑容积率过高,导致局部环境较差,甚至还会对社会面貌、道路交通以及设备设施等造成不良影响,直接损害社会效益和环境效益。因此,各建设项目对容积率以及建筑高度等应有严格控制,不能只顾眼前或局部利益,也不能脱离实际提出过高的标准,应当坚持适宜的建筑环境要求。

中国的城市用地十分有限,所以垂直化建造是必然的结果。随着城市土地存储量的不断减少,以及建筑技术的飞速发展,高层建筑的建设将是一段时期发展的重要途径和趋势。增加建筑层数可以节约建筑用地,当建筑面积规模一定时,层数越高,建筑物基底所占用地就越少。一般来说,长条形平面房屋层数较少时,增加层数对节约用地所起的作用较为明显(图7.3)。层数的增加,使得日照、采光、通风所需的空间随之增大,但总的来说还

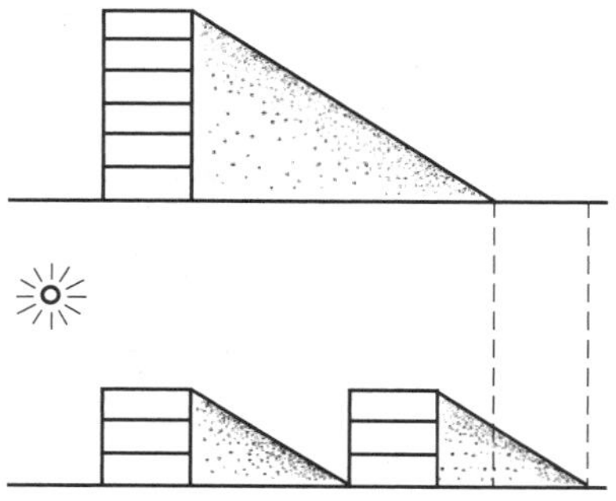

图7.3 层数与用地之间的关系

是节约用地的。从住宅建筑层数与用地效果分析表(表7.1)中我们可以看出,层数的增加可以有效地节约用地,但随着层数的增加,节地的幅度逐渐趋于稳定。由于建筑层数的增加也会带来造价增高、能源消耗增加、施工复杂及安全隐患等问题,因此,一般来说8层以下的住宅通过降低层高带来的节地效果较好。建筑师在设计中应根据具体情况进行分析,选择合理的层数,使之既能满足人们生活生产的要求,又能达到节约用地的效果。

表7.1 住宅建筑层数与用地效果分析表

层 数	每户用地面积/m²	每户节约用地/m²	比第一层节约百分率/%	节约用地增长百分率/%
1	74.62	0	0	0
2	49.18	25.44	34.09	34.09
3	40.70	33.92	45.46	11.37
4	36.46	38.16	51.14	5.68
5	33.92	40.70	54.54	3.40
6	32.22	42.40	56.82	2.28
7	31.01	43.61	58.44	1.62
8	30.10	44.52	59.66	1.22

虽然节约用地是降低成本的有力措施之一,但也不能因为一味地节约用地而对环境造成负面影响。居住小区设计方案的技术经济分析,核心问题是提高土地利用率。在居住小区的规划与设计中,合理地提高容积率是节约用地行之有效的措施,但这是应该以控制建设密度,保证日照、通风、防火、交通安全的基本需要,保证良好的人居环境为前提的。若是设计和组织不当,可能还会造成土地的实际使用效率下降。合理的容积率不仅可以充分利用土地、降低成本,还有利于可持续发展以及创造良好的人居环境。因此,住宅建筑的总体设计中可以结合以下准则:在不必采用高层楼房就能达到所要求密度的地方,仅从节约资金的角度考虑就不应修建高楼;在为了得到所要求的密度而需要一些高层建筑的地方,高层建筑的数量应保持最小;密度较高时,宁可使用少量的高达20层的高层建筑而不采用大量的中等高度的建筑;紧凑的平面布局有助于把高层建筑的数量保持到最小限度,并尽量保证最多数量低层建筑,以取得所要求的密度。

(2)合宜的停车场布置

停车场的布置也反映出很大的环境效益问题。随着私家车拥有量的不断增加,在经济发达的城市里如何解决大量的停车位已成为相当严峻的问题。室外集中设置停车场,或在沿街住宅与红线之间设停车位的做法都会对景观造成较差的影响。现在,室外停车场多采用以植草砖铺装,这种场地可以按照1/2的比例计入绿化面积。这样的做法可以消除水泥地面停车场对环境的负面影响,但若将植草砖铺装的停车场地按1/2的比例计入绿化面积,其经济效益显然远远大于环境效益。室内停车方式可以节约土地,环境效益较好,但是造价却相对较高。现在也有一些小区将室内环境较差的底层住宅架空,利用架空层的一侧设车库,另一侧供居民活动或作为自行车停放区。类似的还有利用楼间空地,抬高底层,将其下面用作停车库的做法,也可以充分利用楼间空地面积,提高土地利用率。

(3)合宜的景观布置

保证一定比例的绿地面积是实现较好的环境效益的基本要求。国外很多国家都建设有标准较高、环境较好的城市绿地,甚至在高层密集的城市中心区也会留有大片的城市绿地。环境效益的好坏又会直接影响项目整体效益的好坏,因此在设计中应当注重建筑与周围环境的关系,力求达到建筑与环境的最佳融合。

建筑设计应当与自然很好地结合,建立可持续发展的建筑观,在策略上、技术上做出合理的控制。在欧洲的许多城市仍然沿用一种小石块铺筑的步行场地道路,就连耗资百亿美元的慕尼黑新机场也是采用此种道路。这种石块铺筑的道路有着坚固、便宜的优点,而且还有小雨时可渗透、不积水、不溅水的特点,与中国历代庭院中采用的鹅卵石墁地相似。只此一项所减少的水泥用量,就对环境保护带来很大的潜在效益。

考虑环境建设的经济性,既要计算一次性建设投资,也要计算建成后的日常运行和管理费用。标准过低或奢华浪费,或是设计好的室外环境工程由于日常运行和管理费用较高而弃之不用,都会造成经济上的浪费,以至于影响整个工程的综合效益。要想实现较好的环境效益,既要充分利用自然环境,又要注意内外环境的一致协调,还要考虑到环境的保持和维护费用,不搞华而不实、脱离实际、维护费用较高、中看不中用的"景观"。

7.2.2 充分发挥建筑空间效益

充分发挥建筑的空间效益,就必须要有合理高效的空间布局,不仅要处理好建筑与外部环境的协调关系,还要充分利用空间,达到节约土地资源的目的。空间的高效性,要求建筑的内部功能具有合理清晰的组织,各组成部分之间有方便的联系,采用的形式也要与空间的高效性相符合。在进行空间布局设计时,要将建筑物使用时的方便和效率作为设计的出发点。

1)空间形态

(1)简单高效的平面形状

平面设计一般要求布局紧凑、功能合理、朝向良好,建筑平面形式规整,外形力求简单、规整,并能提高平面利用系数,力求避免设计转角和凹凸型的建筑外形。建筑物的形状对建筑的造价有显著的影响,一般来说,建筑平面越简单,它的单位造价就越低。在平面设计中,每平方米建筑面积的平均外墙长度是衡量造价的指标之一。墙建筑面积比率越低,设计就会越经济。当一座建筑物的平面又长又窄或者它的外形设计得复杂而不规则时,其建筑周长与建筑面积的比率必将增加,造价也就随之增高。在建筑面积相同的条件下,以单位造价由低到高的顺序排列,选择建筑平面形状的顺序是:正方形、矩形、L形、工字形和复杂不规则形。另外,增加拐角设计也会增加施工的费用。现在,很多建筑为了立面新奇有变化,在平面上切角、加圆弧曲线,在立面上凹进、凸出,造成平面不规整,使得折角多、曲线多,导致建筑面积利用率低,空间浪费大,造价也较高。

在平面布局中,采用加大进深、减小面宽的方法可以降低建筑物的周长与建筑面积的比率,节约用地。但是进深与面宽之间也要保持合适的比例,过分窄长的房间会造成使用上的不便。如果每户面宽太小还会产生黑房间,使得部分空间丧失使用功能。以一般的二室户大厅小室普通住宅为例,一梯三户住宅的面宽应在 4.2~4.8 m,一梯二户住宅面宽应在

5.1~5.7 m,过大或过小都不合适。进深以 12 m 左右为宜,低于 10 m 的进深就视为不经济。

不同的工程项目中,不同的功能、外观、使用方式、造价等设计标准,分别对平面形状的设计过程起不同程度的影响。例如,就造价而言,正方形的平面是最为经济的,但对于住宅、学校、医院建筑等对自然采光有较高要求的建筑来说就不适用。一座大型的正方形建筑,在其中心部分的采光设计上必然是要受到较大限制的。对于这些类型的建筑而言,建筑的进深也要受到控制,因为当建筑物的进深增加时,为获得充足的光线有时就需要增加建筑层高,这样建筑造价就会随之增加,节约用地所取得的经济效益也可能会被抵消。因此在设计时,针对不同的实际情况应采取不同的处理措施,设计中要保持各要素之间的平衡,也就是遵循"适用、经济、美观"的原则,经过综合分析得出理想的方案。

（2）经济美观的建筑外形

在满足使用合理、方便生产的原则下,采用合理的建筑外形,尽量增加场地的有效使用面积,是缩减建设用地、节约投资的有效途径。建筑是科学与艺术的结合,建筑的形式要随功能、环境、材料、构造与技术、社会生活方式以及文化传统等因素而定。形式作为外在的东西,应当是内在建筑要素的外部综合表现,因而它是以其他建筑要素的合理结合为支撑的。形式与内部各要素的完美结合能有效地节约投资,同样可以提高建筑的经济性。

一个完美的建筑,其内容与形式应该是一致的,与内容相脱离的形式不但不美观,而且会造成不必要的浪费。建筑师应当利用现代社会的成就,合理布置功能,将功能的适用作为造型的基本依据,同时也让造型给功能以必要的启示。现在一些设计师在设计时往往从形式出发,形式决定功能,立面决定一切,或是通过运用先进的建筑技术来追求新奇的形式,既不考虑建筑的经济性,也不重视建筑功能。例如,有的建筑为了强调立面通透或虚实对比,将本应封闭的房间开了大窗户,甚至做成玻璃幕墙,而需要自然采光的房间却只有小窗甚至无窗,结果是只好看不好用。这样难免会造成建筑设计一味追求形式、缺乏内涵的状况,设计出来的建筑也很难顾及经济合理性以及与周围环境的协调性。对于住宅、学校、厂房等与人民利益密切相关的建筑,适用与经济尤为重要,绝不能一味追求时髦与形式。

当然,追求建筑的经济性并不意味着单调乏味、简陋粗糙,给城市景观造成不良的负面影响。在有限的条件下,通过精心的设计,仍然可以营造出赏心悦目的建筑形态。例如,关肇邺设计的清华大学图书馆新馆（图7.4）,没有追求表面的华贵,而是在内涵上下功夫。新馆设计充分遵循"尊重历史,尊重环境"的原则,在体现时代精神和建筑个性的同时,努力使建筑与周围环境和谐统一,既在空间、尺度、色彩和风格上都保持了清华园原有的建筑特色,又不拘于原有建筑形式而透出一派时代气息。新馆使用效率高,功能合理,经济实用,且对于材料使用、装修细部也都做了仔细推敲,用清水砖墙做到了"粗粮细作"。

2）空间利用率

空间的经济性是与空间的使用效率有关的。提高建筑空间的利用率,发挥建筑空间的最大潜能,可以有效地节约土地资源,最大限度地发挥建筑的使用价值,实际上也是对资金、能源的有效利用。这就要求建筑师通过分析各使用空间之间的相互关系以及联系,合理地安排建筑平面布局,充分挖掘空间的潜力,创造出具备灵活适应性且经济合理、使用高效的建筑空间。

（1）功能布局合理

一个合理的平面设计方案,不仅可以节省建筑材料、降低工程造价、节约用地,还可以提

图 7.4　清华大学图书馆新馆

高建筑空间的使用效率,发挥建筑空间的最大潜能。

建筑内的交通空间常常也会占据较大的面积,因此交通空间的合理布置也相当重要。有关调查结果表明,一些高层公寓大楼的通道面积与层面积之比高达 29%,而研究表明,15% 的比例就已经足够了。所以,只有合理地安排交通空间,才能够有效地节约空间,降低造价。

（2）充分利用空间

应通过空间的充分利用,发挥建筑中每平方米的使用价值,使建筑功能与空间的处理紧密结合。

①夹层的灵活运用。公共建筑中的营业厅、候车室、比赛馆等都要求有较高的空间,而与此相联系的辅助用房和附属用房则在面积和层高要求上小得多,因此常采取在大厅周围布置夹层的方式,以便更合理地利用空间,使不同房间各得其所。在设计夹层的时候,特别在多层公共大厅中（如商店）,应特别注意楼梯的布置和处理。如能充分利用楼梯平台的高差来适应不同层高的需要,而不另外增加楼梯间,那是最理想的。在居住建筑中,也常结合起居室的高大空间设置夹层,作其他居室之用。

②坡屋顶的利用。坡屋顶是在公共建筑和居住建筑中常见的运用较广的一种屋面处理形式。在不影响采光间距的前提下,坡屋顶能额外获得三角形坡顶中的不小的空间,因此,在设计时可充分加以利用。在影剧院中的坡屋顶,常作为布置通风、照明管线的技术层来利用;在居住建筑中,常利用坡屋顶设置楼阁或储藏室。

③走道上部空间的运用。纯为交通性的走道,不论在公共建筑中还是居住建筑中都是供人们通行而停留较少的地方,宽度也不大,因此它可比其他房间采取更低的层高。在公共建筑中,常利用走道上部空间布置通风管道和照明管线;而在旅馆及居住建筑中,常利用走道上空布置储藏空间,这样从被压低后的交通空间再进入房间,可以使本来高度就不大的居室在大小空间的对比下,产生更为开敞的效果。有时也可降低部分居室高度,以增加储藏空间。

④楼梯间底层及顶层空间的利用。作为一般楼梯,底层楼梯间常被用作为小房间或储藏室,在公共建筑中也常利用楼梯底部空间布置家具或水池绿化,以美化室内环境。楼梯间顶部从楼梯平台至屋面一般常有一层半的空间高度,因此在许多建筑中都尽量利用它布置一个小房间,只需不影响人的通行即可(一般不小于 2 m 净空),这样不但增加了使用面积,而且也避免了过高的楼梯带给人空旷的感觉。

⑤窗台下部空间的利用。建筑设计时通过利用外墙的厚度,在窗台以下适当加以处理,按空间的不同大小,可安置暖气片、空调箱或储存杂物等。如商店、旅馆、餐厅或家庭,都需要储存大量的杂物,如果没有适当的储存空间,最后必然会侵占其他房间或居室,这是造成使用不合理和影响室内观瞻的根本原因。因此,不论是公共建筑还是居住建筑,在设计方案过程中一定要自始至终地十分注意空间的利用和杂物的储藏,以及各种技术层管道井等布置问题。对住宅来说,首先应将储藏空间和建筑紧密结合,如壁柜、壁龛、嵌墙家具、悬挂式家具及搁板等,这样不但可以减少住户家具的数量,还可相对增加使用面积,而且对室内空间的完整性起着极重要的作用,为室内设计工作带来十分有利的条件。虽然我国住房建设和家具工业在管理系统、投资等方面还没统一,但随着住宅商品化的逐步实现,住宅设计一定会朝着更理想的系列化、统一化方向发展。

3)空间使用灵活性

建筑空间的合理布局还要求考虑空间的灵活性,以适应现代生活的多变性。不同时期建筑有不同的使用要求,应当在宏观经济分析的指导下强调空间的灵活性,以获得建筑的长期效益。

(1)灵活的功能布局

住宅建筑在我国的建筑总量中占很大比例,住宅的合理设计及使用具有重要的经济性作用。我国家庭发展过程中不断改变的居住需求不能像西方国家一样通过频繁而方便地更换住宅来满足,因此在住宅设计中应当考虑适应不同时期需求的灵活性。未来的居住建筑将向可变性、实用性、开放性的方向发展。可变性住宅中,门、窗、厨、卫、阳台等的设计是统一标准化布置的,其余的则留给居住者自己去完成。这样,居住者就可以根据个人的喜好对住宅的室内空间进行灵活的布置。例如,利用隔断和活动门随意改变住房的整体和内部格局,以及利用拆装式家具改变室内布局等,使住宅更符合起居和生活需要。

密斯在 1927 年斯图加特住宅展览会的作品(图 7.5)和勒·柯布西耶的多米诺(Dom-ino)住宅都对可变性住宅的研究产生过很大影响。密斯的住宅中,户内平面全部开敞,户内梯板由几根柱子支撑,户内空间则依靠轻质隔墙划分。柯布西耶的多米诺住宅方案第一次将结构部分和非结构部分划分开来(图 7.6),开敞的、灵活的住宅框架可以使工业化需求与住户需求得以统一。而柯布西耶的经典作品马赛公寓(图 7.7)就是从早期的多米诺住宅上发展起来的。

(2)多功能的空间组织

随着城市化进程的加速,人们对建筑的使用要求也日益变化。为适应经济、社会、环境的新需求,建筑必然要向多功能空间的方向发展,应通过建筑内部各组成部分之间的优化组合,使它们共存于一个完整的系统之中。多功能的系统化组合,可以避免建筑单一功能的局限,创造更为广泛和优越的整体功能。

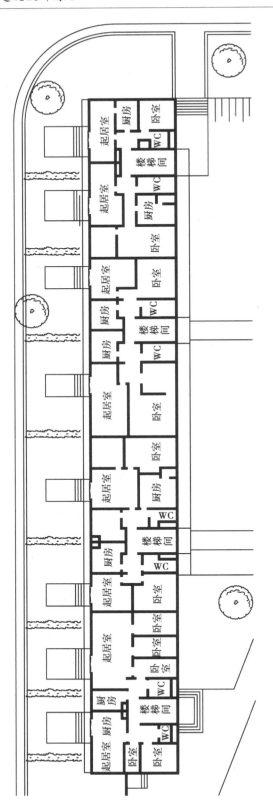
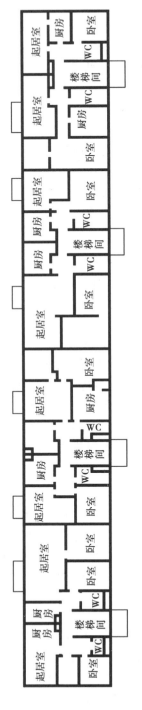

图7.5　密斯在斯图加特住宅展览会的作品平面

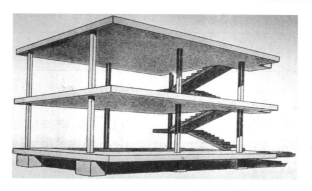

图 7.6　勒·柯布西耶的多米诺体系

图 7.7　马赛公寓

就目前状况而言,为了节约建筑用地和充分利用建筑空间,具备多种功能的建筑更能满足人们的需要,例如居住建筑中功能齐全、户内灵活隔断的住宅,公共建筑中集文化、娱乐、休息等于一体的多功能建筑,工业建筑中的灵活车间、通用车间、多功能车间等。现在我们经常可以看到地下部分为停车场,底层和裙房布置商店、餐厅、银行和娱乐设施,中层部分为办公用房,上部为公寓、旅馆的多功能大厦。

（3）空间的多功能使用

空间的多功能使用例子有:会议厅、宴会厅、众多小餐厅、展厅的方案,会议厅、舞厅、展厅的方案,室内运动场、集会厅、避难中心等。又例如,人防工程在平时与战时有不同用途,等等。

4）空间舒适性

建筑的适用性原则是不变的,但其内容是发展的。舒适是更高层次上的适用,为满足现代人的心理需要,现代的建筑"适用"性更强调舒适性与愉悦性。随着人们生活水平的提高,人们对建筑使用的舒适性提出了更高的要求,越来越多的建筑开始逐步改善其室内使用环境的舒适度。经济性和舒适的标准有着密切的关系,如果为了降低建筑成本而压缩建筑面积或者降低建筑标准,虽然减少了一时的成本支出,却导致建筑在使用要求上也随之降低,并没有达到设计上的经济要求。我们所提倡的设计经济,是在不降低舒适标准的前提条件下降低成本。在设计过程中,只有把成本和舒适标准统一起来综合考虑,才能够实现设计上的经济性。同时,在设计中也要考虑建筑在整个寿命期间的舒适标准和成本。

（1）适宜的空间尺度

建筑设计要确保建筑经济性与舒适性的合理结合。空间尺度不宜过大,应以适宜为标准。建筑物的层高在满足建筑使用功能的条件下应尽可能地降低。据有关资料分析,层高每降低 10 cm,可减少投资约 1%,增加建筑面积 1~3 m²。在不降低卫生标准和功能要求的前提下,降低层高可缩短建筑之间的日照及防火距离,节约用地,还可减少墙体材料用量,降低工程造价和减少能耗,减轻建筑自重,从而有效地降低工程造价。多层住宅房屋前后间距一般大于房屋栋深,有时降低层高可以比单纯地增加层数带来更为有效的节地效果。可见,适当降低房间高度有很大的经济意义。以住宅为例,建筑层高（多层）与造价关系见表 7.2,从表中可以看出,造价随层高增加而增加。层高的最佳选择,国内目前偏高,在 2.68~2.88 m,而国外相对偏低,在 2.2~2.4 m。寒冷地区的住宅,通过适当降低层高,可以减少外墙面积,减少冬季热损失,同时使室内热空气分布也更均匀。

表 7.2　建筑层高(多层)与造价关系

层高/m	3.6	4.2	4.8	5.4	6.0
造价比	100	108	117	125	133

降低层高带来的经济效益是显著的,但是室内空间高度过低会导致居住的压抑感。因此,降低层高要适度,并可将节约的投资用于扩大面积,因为面积加大、空气量不变,降低层高也不一定会妨碍室内的采光,且降低层高所带来的一些压抑感也会因空间比例的调整带来的宽敞感而有所抵消。在小面积住宅中降低层高之后,可以通过采用以下措施来消除空间压抑感:加大窗户尺寸,采用不到顶的半隔断来扩大视野、减少空间阻塞;尽量减少墙面水平划分,避免采用各种线脚;适当降低窗台以及踢脚线高度;在户内过道或居室进门位置上部设置吊柜,通过空间对比给人以开敞的感觉;改变墙面颜色、室内采用顶灯或壁灯等方法也有助于增加亮度和开阔感,消除压抑感。按照《中华人民共和国国家标准住宅设计规范》(GB 50096—1999,2003 年版)规定,目前普通住宅层高宜为 2.8 m,这个尺寸是含楼板厚度的,这个高度可以在保证居住舒适度的基础上,最大限度地节约能源。

(2)低能耗高舒适度

高舒适度就是健康舒适程度,包括人体健康所要求的合理的温度(20~26 ℃)、湿度(40%~60%RH)、空气质量、光环境质量、噪声环境质量、卫生条件等。要实现这些目标,就必然要增加成本、消耗更多的能源。为节约能源并同时保证健康舒适的居住条件,就必须走高舒适度、低能耗的可持续发展之路。

保证空间的舒适度就要保证良好的热环境、气环境、声环境和光环境等。我国大部分冬冷夏热地区住宅的总体规划和单体设计中,都要尽量做到为住宅的主要空间争取良好朝向,满足冬季的日照要求,充分利用天然能源。这是改善住宅室内热环境最基本的设计,也是最基本的节能措施。对能源的有效利用有多种考虑,一是减少能源消耗,二是对能源的利用按阶段、有计划地实施,以更有效地利用资源。

7.2.3　结构选型合理

随着科学技术的迅速发展,结构形式逐渐向"轻型、大跨、空间、薄壁"的方向发展,由一般的梁柱线型结构向板梁合一、板架合一的板型结构和薄壁空间结构过渡,过去广泛采用的梁板结构也逐渐被壳体(薄壳)结构、折板结构、悬索结构、板材结构(单 T 板、双 T 板、空心板)所代替。采用先进的结构形式和轻质高强的建筑材料,对减轻建筑物的自重、提高设计方案的经济性有很大的作用。但是,建筑创作的新概念不能脱离现实,建筑结构的设计要结合建材工业的发展,并对新材料、新设计进行经济分析。选择合理的结构形式,不仅能够满足建筑造型及使用功能的要求,还能达到受力的合理完善及造价的经济。

(1)合理的结构体系

结构上的合理性已经不仅仅意味着只需保证结构安全性,人们对结构设计提出了更高层次上的"科学"要求。结构在保证安全可靠的前提下,还要满足受力合理、节约造价的要求。结构的合理性体现的是建筑的内在美,结构受力的科学合理是与建筑的外形美观一致的。考虑结构与形式间的关系问题,还必须结合合理的结构传力系统和传力方式,以符合逻辑的结构形式来表达建筑的美。受力合理一向是结构设计中追求的目标,简洁合理的传力系统可以避免增加不必要的传递构件和附属建筑空间。受力的科学性在很大程度上取决于设计者对结构受力情况的了解。因此，设计者对建筑结构中各部分受力的性质和大小，可能产生的结构组合、效应，结构的特点，以及产生某种效应时起控制作用的结构部位等，都应有系统的概念与了解。

（2）与功能相结合

在建筑的空间围合中，当结构覆盖的空间与建筑实际应用所需的空间趋于一致时，可以大大提高空间的利用率，并减少照明、供暖、通风、空调等设备方面的负荷。一般常见的长方体空间能够比较容易地与其所采用的承重墙、框架结构等结构形式取得协调，但是对于大体量的建筑空间或是变化丰富的建筑空间来说，结构空间与实际使用空间的充分结合就相对困难。此时就更应当认真考虑空间的形状、大小和组合关系等因素，灵活使用各种建筑结构形式，力求结构空间与使用空间的协调一致。例如，日本东京代代木室内体育馆（图7.8）就是一座将功能、结构、技术、艺术巧妙结合的名作，其新颖的外观及经巧妙处理的室内空间都获得了建筑界的高度评价。

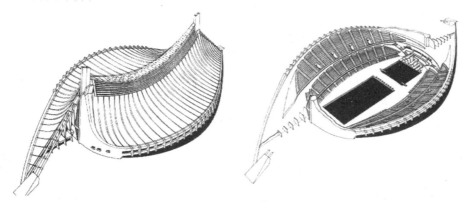

图7.8　日本东京代代木室内体育馆

（3）减少结构体系所占面积

合理的结构体系要求以较少的材料去完成各种功能要求的建筑，在保证安全的前提下尽量减少实体所占面积。我国曾经出现过结构设计中的"肥梁、胖柱、深基础"现象，现在有些钢筋混凝土高层建筑中的用钢量已经超过国外同等高度钢结构的用钢量。如果为满足坚固性而盲目加大构件截面、增加材料用量，就会造成不必要的浪费，不能够达到经济、合理的标准。

结构和材料的合理运用是节约空间的有效手段。按照建筑各层荷载的大小，尽可能地减薄墙身、减少结构自重，可以节约基础用料。在建筑及结构布置时，应尽量使各种构件的实际荷载接近定型构件的荷载级别，充分发挥材料强度，减少建筑自重。

例如，与钢结构相比，钢筋混凝土结构坚固耐久，强度、刚度较大，便于预制装配，采用工业化方法施工能加快施工速度，能有效地节省钢材和木材，降低成本，提高劳动生产率，具有良好的经济效益。而钢结构自重轻、强度高，用钢结构建造的住宅自重是钢筋混凝土住宅的1/2左右。因此，跨度较小的多层建筑采用钢筋混凝土结构较为经济；当跨度较大时，混凝土结构的自重占承受荷载的比例很高，此时用钢筋混凝土结构就不一定经济了。

钢结构占有面积小，可以增加使用面积，满足建筑大开间的需要。高层建筑钢结构的结构占有面积只是同类钢筋混凝土建筑面积的28%。采用钢结构可以增加使用面积4%～8%，实际上增加了建筑物的使用价值,增加了经济效益。与普通混凝土结构相比较,钢结构更能增加使用面积,提高得房率。一般来说,钢结构可以增加8%~12%的使用空间,其建筑面积和使用面积比例可以达到1∶9.2左右,而普通结构大约为1∶8.5或1∶7.5。钢结构的可塑性还可以使室内空间具备更大的灵活性,充分甚至超值发挥空间的利用率。普通砖混结构中,上下层墙体必须相互对应,而钢结构的采用可以使不同的楼层墙体自由组合,可以更为合理地布置空间。由此可见,钢结构对提高综合经济效益的作用是显著的。在采用钢结构时,也应对钢材的形状、厚度、重量和性能数据有所掌握,从而进行合理设计,正确确定构件的形式和截面尺寸,采用经济的结合方法,节约钢材用量,力求使建筑设计方案满足结构的合理性。

7.2.4 因地制宜选用建筑材料

随着时间的推移,建筑在时间和地域上都有了很大的发展。从最初的使用天然材料搭建房屋,到熟练运用各种构配件建造住所,再发展到由专业人员设计住宅,我们可以看出,建筑的进化演变,是材料、工艺技巧和客观经济条件之间相互作用的结果。科学技术的发展为建筑设计带来前所未有的创新领域,新材料、新工艺、新技术实现了建筑的现代化与形式的多样化,建筑材料逐渐向轻质、高强、多功能、经济与适用的方向发展。建筑的结构形式对建筑经济性有着直接的影响,而建筑材料和建筑技术的发展则直接决定结构形式的发展。

随着可供人们使用的材料范围越来越广,人们对各种材料性能的了解也更加全面广泛,材料已经越来越能够被人们更加经济地使用。建筑师应当能够根据不同的气候及环境条件,灵活经济地选用建筑材料及设备。选择材料及形式时,应根据建筑的规模、类型、结构、使用要求、施工条件和材料供应等情况,全面综合考虑,选择最适宜的建筑材料。在保证坚固、适用的前提下,注重材料的节约,并尽量利用地方性的轻质、高强、廉价的材料,保证技术上的可能性与经济上的合理性。

经济合理地选择建筑材料和技术,才能既使建筑物达到功能的合理使用,又降低建筑造价。建筑的经济性既可以从对材料更好的开发利用中获得,也可以从新型材料的使用中获得,还可以从标准化和材料构配件尺寸的一致上获得,根据不同的实际条件可以采用不同的材料使用方案。

(1)充分发挥材料特性

在材料的选择上,仅考虑其价格是不够的,还应考虑其特性并让其作用充分发挥出来。中国古代建筑使用木结构,通过合理地选择建筑结构及形式,能够将木材的特性发挥到极致。

(2)合理运用新型材料

传统的建筑材料一般体量较大、较沉重,形状及大小多变。由于传统材料缺乏规则性和均匀性,给技术的发展带来一定的阻碍。因此,虽然传统材料本身价格较低,但在使用上却需花费较多的人力和资金。为了有效降低建筑工程造价,材料品种范围的扩大和材料的标准化成为迫切的需要。新材料的不断发展显示出其广泛的适应性,它们一般比传统材料更轻、更规则,质地更均匀。新型建筑材料能够适用于更广泛的设计之中,解决更多的设计问题,而且在材料的使用上比传统材料更方便、造价更低。

新型的建筑材料既可以改善建筑的使用功能,便于施工,还能够减少维修费用。使用越灵活、运用范围越广的建筑材料,对建筑成本的限制越小,例如现代建筑中广泛运用的钢材和混凝土;而使用范围越窄的材料,建筑成本也就越高。新型建筑材料的开发促进建筑生产技术的飞速发展,钢索、钢筋混凝土等作为建筑的承重材料,突破了土、木、砖、石等传统材料的局限性,为实现大跨、高层、悬挑、轻型、耐火、抗震等结构形式提供了可能性。一项工程的建成需要大量的建筑材料,对一般的混合结构来说,如果采用轻质、高强度的建筑材料,建筑自重可减轻 40%~60%,可以节省大量材料及运费,还可以减少建筑用工量、加快建设速度、降低工程造价。

建筑技术的改良和材料的进一步发现和利用,不仅使得建筑设计具备更大的灵活性,而且也可以使材料本身的使用变得更经济。例如,钢筋混凝土作为两种材料的有效结合,充分利用了混凝土的受压性能和钢筋的受拉性能,使材料实现了受压和受拉性能的平衡,但是只有在产生挠度、混凝土裂开时,钢筋才能充分发挥作用。预应力钢筋混凝土是钢筋混凝土的进一步发展,它将材料的被动结合转化为主动结合,具有强度大、自重轻、抗裂性能好等优点。材料性能的高效结合使结构能够更好地控制应力、平衡荷载和减少挠度,可以在许多情况下代替钢结构。预制混凝土构件可以加快施工速度,虽然结构构件较为昂贵,但是只要通过精心设计,使其最大限度、最有效地发挥作用,还是经济可行的。预应力平板可以比普通钢筋混凝土平板更薄或者可以达到更大的跨度,因此在跨度较大时使用预应力技术更为经济。

(3)充分运用地方材料

在建筑活动中巧妙地利用当地建筑材料,展现材料真实的特性,不仅可以使建筑具有独特的地方特色,还可大大节省运输量,有效地降低造价。

7.2.5 选择合理的建造方案

不同的工艺要求反映在结构设计中差别很大,不同的施工方法导致截然不同的建筑处理。结构设计时,不仅要根据材料的特性进行设计,还要考虑现场施工条件的可能性。

例如,从经济方面比较,采用整体现浇的施工方法,施工费用较大,但是建筑整体性较好;采用预制式装配,施工费用较小,建筑整体性却较差。从构造形式来看,现场浇筑模板的尺寸大小会影响墙面的肌理效果,而且间断施工浇筑会导致不同部位间的连接产生问题;采用预制式装配方式,会出现构件间的连接、搬运吊装、容差裂缝、固定等问题。能否采用合理的构造处理方式,对建筑的细部以及整体形式效果都有很大的影响。无论是从经济的角度出发,还是从构造形式的角度出发,建筑设计都要综合考虑现场施工的便利性。

例如,大部分钢结构的构配件都是在工厂制作之后运到工地进行安装的。这种工艺对运输、安装设备要求较合理,施工费用较省。但对某些用钢量较大的结构来说,在结构设计中还应注意对构件的合理分段。分段太多则节点材料用量就多,分段太少则会造成主体材料利用率降低,都会降低结构的经济性。因此,在分段时应根据结构内力的变化,兼顾施工方便,充分利用设备的功能,以尽可能发挥材料的强度。

还有一些大型钢结构建筑采用现场拼焊后整体吊装,或是局部拼焊后大件吊装的施工方法。虽然这种施工方法可以节约不少节点的用钢量,但是由于其场地要求较高,设备复杂、体量较大,如果设备重复使用率较低的话往往也是不经济的。因此对于这类结构设计,就需特别处理好钢材的交叉焊缝以及整体起吊吊点、起吊时塔脚支承铰接点等问题。

7.3 绿色建筑与建筑经济性

7.3.1 绿色建筑概念及设计原则

谈到建筑的经济性,必然会谈到绿色可持续建筑设计。我国的国家标准《绿色建筑评价标准》(GB/T 50378—2006)中对绿色建筑的定义是:在建筑的全寿命周期内,最大限度地节约资源(节能、节地、节水、节材),保护环境和减少污染,为人们提供健康、适用和高效的使用空间,与自然和谐共生的建筑。

绿色建筑设计有两个特点:一是在满足建筑物的成本、功能、质量、耐久性要求的基础上,同时考虑建筑物的环境属性,也就是还要达到节能减排的要求;二是绿色建筑设计时所需要考虑的时间跨度较大,甚至涵盖建筑的整个寿命周期。

绿色建筑设计的四项原则(图7.9)如下:

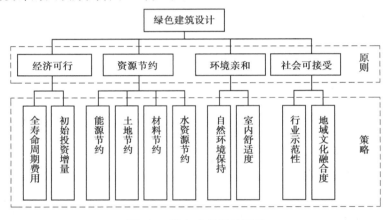

图 7.9 绿色建筑设计原则

①经济可行原则。绿色建筑设计若在经济评价上不尽如人意,那么无论它在其他方面有多么出色,也无法得到决策者的青睐。因此,经济可行是建筑设计的基本原则。

②资源利用原则。建筑的建造和使用过程中涉及的资源主要包括能源、土地、材料和水。注重资源的减量、重用、循环和可再生,是绿色建筑设计中资源利用的相关原则,每一项都必不可少。

③环境亲和原则。建筑领域的环境涵盖了建筑室内外环境,环境亲和就是说绿色建筑设计要满足室内环境的舒适度需求,还要保持室外的生态环境。

④社会可接受原则。优良的绿色建筑设计应该具有行业示范性,并且设计中能够尊重传统文化发扬地方历史文化,注意与地域自然环境的结合,从而提高社会认可度。

7.3.2 绿色建筑技术

绿色建筑技术属技术学研究范畴,它不是独立于传统建筑技术的全新技术,而是用"绿色"的眼光对传统建筑技术的重新审视,是传统建筑技术和新的相关学科的交叉与组合,是符合可持续发展战略的新型建筑技术。它涉及施工、采暖、通风、给排水、照明、能源、建材、日用电器、设备、热工、计算机应用、环境、检测等多方面的专业内容。绿色建筑技术是针对现阶段建筑存在的耗能大、对人们身体健康不利等问题提出的。所谓绿色建筑技术,是指应用这一技术建造的建筑,拥有健康、舒适的室内环境,与自然环境协调、融合、共生,在其全寿命周期的每一阶段中,对自然环境可以起到某种程度的保护作用,协调人与自然环境之间的关系。

(1)绿色建筑节能技术

绿色建筑节能技术即是使建筑节约能源的绿色建筑技术。

随着新能源时代的到来,人们对能源危机的紧迫感越来越强,节约能源已成为人们越来越关注的话题,建筑业对能源的可持续发展也是有影响的。据有关资料统计,我国建筑能耗总量在逐年上升,建筑能耗占全国总能耗的比例已从 1978 年的 10% 上升到目前的 30%,并且这个比例随着城市化进程的加速和人们生活水平的提高还在持续上升着。

建筑能耗不仅是建筑生产过程的能耗,还包含建筑消耗过程的运行能耗。近期,我国对建筑节能指标也作了调整:新建的建筑要实行节能 50% 的设计标准,直辖市以及北方严寒和寒冷地区的重点城市运行节能 65%。同时,许多地区对已建建筑进行节能整修以达到一定目标的节能减排任务。节能已被人们提上了重要的议事日程,全世界各地都在谋求在建筑上采用节能技术以实现整个能源节约的目标,从而缓解不断紧张的能源问题。在建筑全寿命周期中,应推进绿色建筑技术革新,推广节能建筑,借以达到绿色建筑节能减排的要求,实现建筑业可持续发展的目标。目前对于建筑节能技术的发展已经取得一定的成效,如住宅围护结构节能设计,能达到比传统住宅节约能耗 25%;空调暖气的改造,将空调负荷降低 40% ~ 50%,这些绿色建筑节能技术正改变着人们的生活。

绿色建筑节能技术如表 7.3 所示。

表 7.3　绿色建筑节能技术内容(据重庆市建筑工程标准)

分　类	技　术	技术内容
绿色建筑技术	绿色建筑节能技术	建筑设计
		1.建筑朝向:建筑朝向为南北朝向或接近南北朝向
		2.建筑物体形系数:条式建筑≤0.35,点式建筑≤0.40
		3.窗墙面积比:最好南向≤0.35,东西向≤0.30,北向≤0.25
		4.外窗遮阳:东西向外的外窗设置有效的外遮阳设备
		5.建筑层高:住宅不高于 3.0 m
	围护结构	1.外窗、阳台门气密性:最好不要低于国家现行的相关规定
		2.外墙、外窗和屋顶的平均导热系数:$K \leqslant 0.90Q$
	设备	1.空调系统:预留安装空调的位置合理,空调在使用的过程中形成合理的气流组织;空调设备的类型选择;空调外机的位置要通风良好,不受太阳直射
		2.日照和采光照明系统:卧室、起居室、书房、厨房迎光面窗地面积比;主要居住空间无明显采光遮隔;照明方式合理;公共部分自然采光的窗地面积比;高效节能的照明设备(灯具、光源及附件);设备节能控制型开关或集中节能控制方式
		3.日用家电设备:节能家电购买
	可再生能源	太阳能、风能、地热能等新型能源设备的使用

绿色建筑节能技术涉及领域广,包含建筑技术、材料技术、能源技术、仿生技术、智能技术等,也遍布于设计、施工等多个部门政策法规中,是一项全方位的、综合型的系统工程。绿色建筑节能技术中的许多技术现在也普遍应用于建筑建设中,著名的案例有英国建筑研究所(BRE)的节能办公室,这些尝试和变化证明了建筑节能可持续发展是可以达到的。

(2)绿色建筑节地技术

绿色建筑节地技术即是节约土地资源的绿色建筑技术。土地一直是人类社会文明产生、发展、延续的载体,实现其合理利用,一直是解决人类社会生存与发展的重要命题。随着人口的增长及建筑业的发展,将不可避免地占用一部分耕地,会使得人地矛盾日益突出。目前我国在使用土地资源时,常出现盲目扩张城市规模、土地空间利用结构不合理、土地利用效率及开发强度低等问题。绿色建筑节地技术的内容如表7.4所示。

表7.4　绿色建筑节地技术内容

分　类		技　术	技　术　内　容
绿色建筑技术	绿色建筑节地技术	建筑设计	1.使用寿命:按照国家规定的年限设计,还可以适当增加,不仅需满足结构上的要求,还需满足使用要求
			2.地下室、地下车库:提高地下使用空间或地下停车率
			3.建筑密度、容积率:增加居住空间
		城市规划	1.发展规模、开发强度:开发规模合理,开发强度合理,减少空置率;盘活存量
			2.新城建设与老城改造
			3.功能分布:单一功能分布设计向复合型发展
		新型墙体材料	用煤矸石、石煤、粉煤灰、采矿和选矿废渣、冶炼废渣、建筑垃圾等砌体砖来替代黏土砖

绿色建筑节地技术虽然在我国起步比较晚,但在应用上一直在积极跟进。新型墙材已经进入建筑业;大连市"大有恬园"项目选址山坡,不占用耕地,利用山地地形错台做半地下车库,合理开发土地资源;还有适当提高建筑使用寿命的案例(外国住宅使用寿命一般高达80年),这些都是为建筑节地做的各种尝试和探索。绿色建筑节地技术还在发展,人们对于建筑节地的意识也在改变。

(3)绿色建筑节水技术

绿色建筑节水技术即是节约建筑物使用水资源的绿色建筑技术。在水资源方面,我国人均淡水拥有量为2200 m^3,只占世界人均水平的1/4,是人均水资源严重匮乏的国家;在水资源消耗方面,城市供水管网损失率达到25%左右,节水器具的使用并不普及,卫生器具的耗水量比发达国家高30%以上;城市污水再利用率为15.2%,仅为发达国家的1/4。发展推广绿色建筑节水技术是符合我国建设资源节约型、环境友好型社会的战略国策的。《绿色建筑评价标准》中也指出了建筑节水与水资源利用的相关指标,建筑节水技术是达到这些相关指标的关键。绿色建筑节水技术的核心是提高节水率和非传统水源的利用,同时保障不同水质等级的用水安全。我国对节水技术的试验研究起步较晚,随着城市用水的日益紧张,很多地区也开始尝试使用各种节水技术,如中水技术、雨水的收集与利用、节水器具等,建筑节水相关的研究也丰富起来。

绿色建筑节水技术的内容如表 7.5 所示。

表 7.5 绿色建筑节水技术

分　类		技　术	技术内容
绿色建筑技术	绿色建筑节水技术	供水系统节水技术	1.分水质供水:高质高用、低质低用; 2.避免管网漏损技术:注重管网附件、配件、设备等接口处; 3.限定给水系统出流水压:安装减压装置,合理设计配水点的水压; 4.降低热水供应系统无效冷水出流量:减少热水管线长度、热水循环系统、选择合适的调温系统; 5.使用节水器具; 6.防治二次污染:变频调速泵供水、独立的生活和消防水池
		中水处理与回收	中水系统:水质分析、中水处理工艺
		雨水收集与利用	1.雨水收集与分散处理系统:屋顶、路面、绿地及透水性铺地等其他雨水收集方案; 2.雨水集中收集与处理系统; 3.雨水渗透系统:雨水间接利用

（4）绿色建筑节材技术

绿色建筑节材技术即是对建筑物材料的节约的绿色建筑技术。我国人均资源及能源的占有量相对贫乏,煤炭、石油、天然气、可耕地、水资源、森林资源的人均占有量仅为世界平均值的 1/2、1/9、1/23、1/3、1/4、1/6。建筑材料又是建筑业发展的物质基础,据统计,在房屋建设过程中建筑材料占总成本的 2/3;每年建筑工程材料消耗占全国总消耗的比例是:钢材占 25%,木料占 40%,水泥占 70%;我国水泥使用量长期处于世界第一。随着城市化进程的加快,建筑业对建筑材料的消耗量就更加巨大。同时,我国建筑业发展水平不及发达国家,材料消耗往往比发达国家要多,如我国每立方米建筑所需要的钢材大约是 55 kg,比发达国家高出 10%~20%,每拌制一立方米混凝土要多消耗水泥 80 kg。由此可见,我国建筑业正消耗巨大数量的物资资源,节约建筑材料作为建筑可持续发展的一部分,是绿色建筑技术的重要部分。

绿色建筑节材技术的内容如表 7.6 所示。

表 7.6 绿色建筑节材技术（据重庆市建筑工程标准）

分　类		技　术	技术内容
绿色建筑技术	绿色建筑节材技术	室内外装饰	室内外装饰的耐久性:材料的选择
		设备	1.电气设备系统:耐久性; 2.厨卫设备系统:耐久性; 3.给排水设备系统:耐久性; 4.其他建筑物的服务设备系统:耐久性
		防水防腐性能	1.防水性:屋面、墙面、厨卫、穿屋面、楼板处; 2.防腐性:管道、内外涂层、金属结构
		材料回收与再利用	可再生资源

发展绿色建筑是人类实现可持续发展战略的重要举措,是大力推进生态文明建设的重要内容,是切实转变城乡建设模式和建筑业发展方式的迫切需要。但是,对于设计师而言,在发展现代绿色建筑技术时,也不应摒弃人类历史文明进程中探索发展的"原生态"绿色技术。它们也包含绿色环保的原理,对今天的设计师还是有所启发的,石垒墙、土坯墙、竹篾墙这一类的原理至今还在发扬光大。在我国,绝大多数建筑(特别是传统民居)基本上是"原生态"的绿色建筑。传统民居最适应当地的自然生态环境与社会环境,具有造价低廉、施工简便、节地、节材、节能、节水和保护生态环境等多方面的优点,它们是我国各族人民数千年建筑实践的生态智慧的结晶。

建筑设计是一个综合的系统工程,在不同的工作阶段(无论是建筑的前期策划、方案构思,还是方案设计以及技术深化的阶段),始终都贯穿着经济性的理念。重视建筑设计中的经济性理念,实行对建筑作品的优化,保障社会资源的充分合理利用,以求建筑作品的最大经济价值,不仅是评判建筑设计作品优劣的重要尺度,也是促进国民经济合理发展的关键环节。在建筑设计中,建筑师要根据经济现状及发展趋势,确定建筑的合理投入和建造所要达到的标准,合理控制建筑投资和建设规模,在达到建筑建设要求的基础上,利用有限的资源获得尽可能多的效益,使建筑达到经济性与艺术性的统一。

建筑设计的过程和内容

※本章导读

※本章导读

通过本章的学习,应了解建筑工程设计和建筑设计的差别和相互关系;熟悉建筑工程设计和施工建造过程的特点;熟悉建筑设计的整个过程;掌握建筑设计各个阶段的主要工作内容、设计深度和出图要求;熟悉建筑设计各阶段的表达特点。

在建造建筑之前,应事先做好设计,经过规定的审批程序和设计阶段,最后交付施工单位施工。建筑工程设计与施工的过程,是依法依规和按照规定程序进行的过程。

建筑工程设计主要由建筑工种负责建筑的使用功能、建筑内部空间、建筑的文化性与艺术性方面等;结构工种主要负责建筑的承力和传力体系,保证建筑的牢固;设备工种负责给排水、供暖通风、电气照明和燃气供应等,主要保障建筑内部具备优良的物理环境和生活生产条件。各工种还共同对建筑的艺术性、适用性、安全性、经济性、建筑以及环境的质量等负责。

建筑设计的过程由若干重要环节和设计阶段组成,分别是接受任务、调查研究、方案设计、初步设计、施工图设计和现场配合施工等。

8.1 接受任务阶段和调查研究

8.1.1 接受任务

接受任务阶段的主要工作是与业主接触,充分了解业主的要求,接受设计招标书(或设计委托书)及签署有关合同;了解设计要求和任务;从业主处获得项目立项批准文号、地形测绘图、用地红线、规划红线及建筑控制线以及书面的设计要求等设计依据,并做好现场踏勘,收集到较全面的第一手资料。

8.1.2 调查研究

调查研究是设计之前较重要的准备工作,包括对设计条件的调研,与艺术创作有关的采风,以及与建筑文化内涵相关的田野调查等,也包括对同类建筑设计的调研。

(1)设计条件调查

①场地的地理位置,场地大小,场地的地形、地貌、地物和地质,周边环境条件与交通,城市的基础设施建设等。

②市政设施,包括水源位置和水压、电源位置和负荷能力、燃气和暖气供应条件、场地上空的高压线、地下的市政管网等。

③气候条件,如降雨量、降雪、日照、无霜期、气温、风向、风压等。

④水文条件,包括地下水位、地表水位的情况。

⑤地质情况,如溶洞、地下人防工程、滑坡、泥石流、地陷以及下面岩石或地基的承载力等情况,还有该地的地震烈度和地震设防要求等。在建筑设计之初,可以通过《中国地震烈度区划图》等,了解当地的抗震设防要求。

⑥采光通风情况。

(2)采风

大多数门类的艺术在创作之初,艺术家都会进行采风,从生活当中为艺术创作收集素材,并获取创意和灵感。例如,贝聿铭在接受中国政府委托进行北京香山饭店的设计之初,就游历了苏州、杭州、扬州、无锡等城市,参观了各地有名的园林和庭院,收集了大量的第一手资料,经过加工和提炼后,融入其设计作品之中,使得中国本土的建筑艺术和文化在香山饭店这样的当代建筑中,重新焕发出炫目的光彩。

(3)田野调查

田野调查(田野考察)是民俗学或民族文化研究的术语,建筑的田野调查是将传统建筑作为一项民俗事项,全方位地进行考察,其特点是不仅只考察建筑本身,还应了解当地传统、使用者和风俗等与建筑的相互关系。在近代中国的民族复兴过程中,中国本土设计师不断尝试将中国传统建筑特点与当代建造技术相结合,产生了例如中山纪念堂(图8.1)、中华人民共和国成立10周年的十大纪念建筑之一的中国美术馆(图8.2),以及中华人民共和国成立之初建造的重庆人民大礼堂(图8.3)、天安门广场的人民英雄纪念碑(图8.4)等优秀作品。在当代建筑设计中,讲求建筑的"文脉"也成为建筑师们的共识。

建筑的田野调查,就是把地方的、民族的传统建筑作为物质文化遗产进行研究,从中汲取营养,以便在创作中传承和发扬优秀民族文化遗产和地方特色。因为文化艺术作品越是民族的,就越是世界的。

图8.1　中山纪念堂

图8.2　中国美术馆

图8.3　重庆人民大礼堂

图8.4　人民英雄纪念碑

8.1.3　现场踏勘

现场踏勘是实地考察场地环境条件,依据地形测绘图,对场地的地形、地貌和地物进行核实和修正,以使设计能够切合实际。因为地形图往往是若干年前测绘的,而且能提供的信息有限,设计不能仅凭测绘图作业,所以必须进行现场踏勘。

(1)地形测绘图

现在建筑工程设计都使用电子版的地形测绘图,1 个单位代表 1 m,我国的坐标体系是2000 年国家大地坐标系。很多城市为减小变形偏差,还有自己的体系,称为城市坐标体系。与数学坐标和计算机中 CAD 界面的坐标(数学坐标)不同,其垂直坐标是 X,横坐标是 Y,在图纸上给建筑定位时,应将计算机中 CAD 界面的坐标值转换成测绘图的坐标体系,就是将 X 和 Y 的数值互换。如图 8.5 所示为某校地形测绘图局部。

(2)地形、地貌和地物

地形是指地表形态,可以绘制在地形图上。地貌不仅包括地形,还包括其形成的原因,如喀斯特地貌、丹霞地貌等。地物是地面上各种有形物(如山川、森林、建筑物等)和无形物(如省、县界等)的总称,泛指地球表面上相对固定的物体。地形和地物大多以图例的方式反映在测绘图上。在我国,这些图例由《国家基本比例尺地图图式第一部分 1∶500　1∶1000

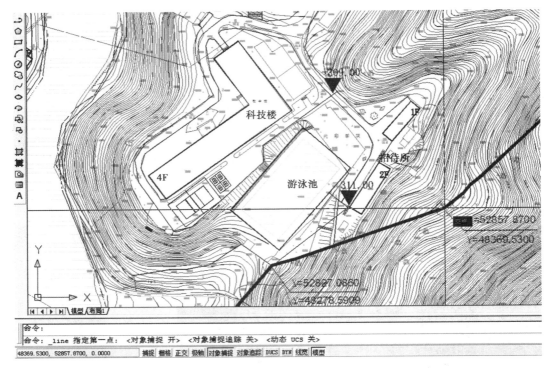

图 8.5　电子测绘图的坐标

1∶2000 地形图图式》（GB/T 20257.1—2007）规定。

（3）高程

各测绘图上的高程（即海拔高度）是统一的，如未说明，在我国都是以青岛黄海的平均海平面作为零点起算。

（4）风向频率图

风向频率图也称风玫瑰图，是以极坐标形式表示不同方向的风，在一个时间段（例如 1 年）出现的频率。它将风向分为 8 个或 16 个方向，按各方向风出现的频率标出数值并闭合成折线图形，中心圆圈内的数字代表静风的频率。极坐标的数值与风的大小无关，仅表示调查时出现的频率，风的方向在图上是向心的。

8.2　立意与构思、设计概念的提取

8.2.1　立意与构思的关系

既然是一种艺术创作，那么在建筑设计之初就有一个立意与构思的过程。建筑设计构想是建筑的个性、思想性产生的初始条件，建筑设计构想又要通过立意、构思和表达技巧等来实现，因此，建筑设计构想是一个由感性设计到理性设计的过程。

立意，也称为意匠，是对建筑师设计意图的总概括，是对这座未来建成的建筑的基本想法，是构想的起始点，也就是建筑师在设计的初始阶段所引发的构想。立意，是作者创作意图

的体现,是创作的灵魂。构思,是建筑设计师对创作对象确定立意后,围绕立意进行积极的、科学的发挥想象力的过程,是表达立意的手段与方法。

8.2.2 当代建筑的立意特征

（1）抽象化

建筑的功能性和技术性决定了建筑不像其他造型艺术那样"以形寓意",把塑造形体当作唯一的创作目的,它同时要对形体所产生的空间负责,而且从使用的角度看空间更重要一些。所以,建筑本身具有的审美观念与雕塑相比,要抽象和含蓄得多。

建筑是通过自身的要素,如建筑的材料、结构形式和构造技术以及建筑的空间和体量、光影与色彩等,反映建筑师的个人气质与风格,反映社会和文化的发展状况的。

（2）个性化特征

当代建筑的立意是个性化的。从需求层面而言,随着经济和生活水平的提高,人们不满足于大众化的程式化的设计感,要求作品体现出独特的构思和立意。从创作层面而言,构思是很主观化的,创作者的知识结构、情感、理念、意念等个人因素对构思起着主要作用。建筑的立意是建筑师的人生观、价值观、文化和专业素养的体现。设计作品的个性化取决于设计者个人的设计哲学和专业经历。

（3）多元化特征

"建筑是社会艺术的形式",建筑作品反映了社会生活的各个方面。不同时代,建筑的立意和形式也不同。古代建筑的立意主要来源于伦理的和宗教两个方面,表达社会礼制或人们的宗教信念,而当代建筑更多的是反映当代人的社会生活。当代社会是一个开放的多元化的社会,多民族文化共存且互相影响、互相融合,多种学科之间互相交叉与合作,各种学术流派和观念等也多种多样,因此,当代建筑的立意具有多元化的特征。

8.2.3 当代建筑立意的构思类型

当代建筑立意的内容和题材广泛,一般大型建筑设计立意和构思的主要目的,是尝试塑造建筑的撼动人心的精神感召力和艺术感染力。当代建筑立意的构思类型可归纳为以下几种方向:

（1）由结构和技术的革新产生的立意

一种新的结构形式与技术措施会相应带来新的建筑理念和形式,由建筑的结构和技术的革新会产生新的立意。20世纪初的工业革命不仅带来了新结构、新技术和新材料,也带来了新的建筑形式——现代建筑。建筑结构和技术手段作为生产力的表现,是推动建筑发展的决定性力量。

（2）从文脉场所精神入手

某一区域地理、气候条件的不同,会导致社会经济、文化习俗的差异,即是文脉;场所精神是指建筑周围的环境氛围和历史沿革。建筑离不开它所处的场所的精神和文脉。

例如北京奥运主要场馆"鸟巢"的设计（图8.6）,设计师为形象地推出奥运会的"和平、友谊、进步"这一抽象的理念,借助鸟巢这样一个具体的建筑形象来实现,它的形态如同孕育生命的"巢",更像一个摇篮,寄托着人类对未来的希望。而由张艺谋导演的北京奥运会闭幕式演出,其场馆内主题性的造型（图8.7）,更令人联想到"巴别塔"（图8.8）,在传说中,它是经过人类的团结合作才树立起来的丰碑。在这里,不同的艺术家都采用了象征的手法,来强调人类团结与和平的奥运主题,立意都是弘扬奥运精神,构思是找到贴切的形态。

再如朗香教堂的创作,作为无神论者的设计师柯布西耶,首先将它的立意定位在"神圣"和"神秘"上,以满足信徒们的期待。建筑传承了传统教堂的特色,例如看上去仍然厚重的墙,虽然是用较薄的钢筋混凝土建造的,却有着千年砖石建筑的厚重特点(图8.9),这使得教堂内部较为昏暗,而向往光明的信徒这时看到的光仿佛来自天堂。柯布西耶还保留了彩色玻璃窗的传统,只不过将写实的宗教题材的画面,改为像蒙德里安的风格派绘画作品一样的玻璃窗,使这座教堂显得既传统又现代,见图8.10。

图 8.6　北京奥运的主场馆

图 8.7　传说中的巴别塔

图 8.8　北京奥运闭幕式

图 8.9　朗香教堂

图 8.10　朗香教堂内部

图 8.11　水立方内部

（3）从建筑与自然环境的关系入手

如何将建筑融于自然，如何有效地利用自然资源和节约能源，在建筑立意中已屡见不鲜。日本建筑师安藤忠雄设计的大阪府立飞鸟博物馆，就成功地创造出一个人与自然和人与人之间的交流对话的场所。博物馆设计中，设计师将其构思为一座阶梯状的小山，建筑顺应地形坡度，设计出一个庞大的阶梯式广场，且阶梯广场又是博物馆的屋顶，这样一来，建筑如同大地的延伸，巨大的实体宛如山丘，建筑的植入巧妙地衔接了历史与环境。

（4）从建筑与城市的对话入手

城市是建筑的聚集地，建筑会对城市空间和景观产生影响。建筑师维尼奥里设计的东京国际文化中心，其立意就是想给东京这样一个国际化的大都市注入活力和希望，因而利用一个在建筑内部开放的城市广场——"舟形"玻璃中庭，给市民提供了一个非常有活力的活动场所。

（5）从形式的内在逻辑入手

以抽象的形式和逻辑作为建筑的主要立意，具有一定的实验性。如"水立方"的设计创意，由于紧邻阳刚、气质张扬的"鸟巢"，因此设计师想到利用水阴柔的特点来设计国家游泳中心，体现阴阳结合。而方盒子更能诠释中国文化的"天圆地方""方形合院"，并且能与椭圆形的"鸟巢"形成鲜明对比，以体现"阴与阳""乾与坤"的东方文化特点。而由 ETFE 膜（乙烯·四氟乙烯共聚物）围合的场馆空间，其内部就像一个奇幻的水下世界，十分契合游泳场馆的主题和特色（图 8.11）。

8.3　概念性方案设计阶段

8.3.1　概念性方案设计的含义

概念性方案设计主要适用于项目设计的初期，是侧重于创意性和方向性，主要向政府或甲方直观地阐述方案的特点和发展方向，以便于进一步具体实施的过程性文件，常用于国内外各种建筑和规划项目的投标上，因此，在深度上的要求相对较宽松。

对于概念方案设计的成果文件，目前行业和国家并没有相关的官方文件对深度和内容进行明确的规定，在执行上有一定灵活性，主要应当结合政府报批要求及公司内部要求，采用多样化的表现手法。为充分展示设计意图、特征和创新之处，可以有分析图草图、总平面及单体建筑图、透视图，还可根据项目需要增加模型、电脑动画、幻灯片等。概念方案设计的主要目的是帮助业主提出一个合理的设计任务书，以指导今后的设计阶段。

8.3.2　成果要求

（1）列出设计依据性文件、基础资料及任务书要求

①设计依据性文件：相关的国家标准、行业标准、地方条例和规定等。

②基础资料及要求：业主提供的文件资料，包括项目的背景、地形测绘图（红线）、设计要求（设计任务书，应注明项目的功能定位和规模要求等）。

（2）总平面设计说明

概述场地本身的现状特点和建设情况，阐述总平面的构思特点，分别从功能布局、交通组

织、环境设计、竖向设计及建筑总体与周边环境的关系等方面介绍总平面的设计策略。

①功能布局:梳理建筑的几大功能分区及其相对应的位置关系。

②交通组织:人流和车流的分别组织,车行道和车库出入口的设置,明确主要的出入口及其竖向交通的位置,设计不同使用人群在空间内部的交通路线。

③环境设计:场地整体的景观设计策略,主要的景观轴线和节点的设置。

④竖向设计:对原有地形的处理,地形的挖方和填方等。

(3)建筑设计说明

①从建筑层面介绍方案的设计构思和功能、流线、空间等层面的处理手法。

②说明使用功能布局、交通流线及出入口安全疏散,以及建筑单体、群体的空间构成特点。

③当采用新材料、新技术时,应说明相关性能。

(4)区位分析图

①描述项目用地的地理位置。

②分析周边资源分布(景观资源、文化资源、教育资源、商业资源等),进行城市规划、分区规划解读。

③地块现状分析,包括现状功能、现存建筑和构筑物、场地高差等。

(5)总平面图

①场地内及四邻环境的反映。

②用地红线及建筑控制线应表达清楚。

③场地内拟建道路、停车场、广场、地下车库出入口、消防登高面、消防车道、绿地及建筑物的位置,并表示出主要建筑物与用地界线(或道路红线、建筑红线)及相邻建筑物之间的距离。

④拟建主要建筑物的名称、出入口位置、层数与设计标高,以及主要道路、广场的控制标高。

⑤指北针或风玫瑰图、比例、图例、经济技术指标(详见经济技术指标表8.1)。

表 8.1　概念方案主要技术经济指标表

总用地面积	m²			
总建筑面积	m²	其中	地上:	m²
			地下:	m²
容积率				
建筑密度	%			
绿地面积	m²			
绿地率	%			
汽车停车数量	辆		地上:	辆
			地下:	辆

(6)分析图

①交通分析:车行、人行道路系统、小区出入口分析。

②车库及停车分析:地上、地下停车分析,车库出入口设置。

③景观分析:景观规划理念、意向节点分析。

④消防分析:消防通道、登高面分析。

⑤日照分析：日照分析图，并附计算方式及当地日照要求。

（7）平面图、剖面图、立面图

各图纸内容及深度要求详见《建筑工程设计文件编制深度规定（2016版）》中相关要求。

（8）建筑效果图和建筑模型

①建筑效果图必须准确地反映建筑设计内容及环境，不得制作虚假效果误导评审。

②建筑模型必须准确按要求比例制作，如实反映建筑设计内容及周边环境状况。

8.4 方案设计阶段

建筑设计阶段包括方案设计、初步设计和施工图设计三个阶段。方案设计阶段主要是提出建造的设想；初步设计阶段主要是解决技术可行性问题，规模较大、技术含量较高的项目都要进行这个阶段设计；施工图设计阶段主要是提供施工建造的依据。

方案设计阶段是整个建筑设计过程中重要的初始阶段，方案设计阶段以建筑工种为主，其他工种为辅。建筑工种以各种图纸来表达设计思想为主，文字说明为辅，而其他工种主要借助文字说明来阐述设计。建筑方案设计阶段主要解决建筑与城市规划、与场地环境的关系，明确建筑的使用功能要求，进行建筑的艺术创作和文化特色打造等，为后续设计工作奠定好的基础。

8.4.1 方案设计的依据

（1）业主提供的文件资料

业主提供的文件资料是重要的设计依据之一，包括项目立项批准文件、设计要求（体现在设计任务书、设计委托书、设计合同等文件中）、地形测绘图（含红线）等。

（2）有关的国家标准、行业标准、地方条例和规定等

设计依据可以理解为在法庭上能够作为证据的资料。在建筑的设计和建设过程中，难免出现意外事件、质量问题、责任事故和经济纠纷等，为分清利益方各自的责任和义务，这些文件相当重要。从这点上说，一些教材和设计参考资料等不能算作设计依据。

8.4.2 设计指导思想

设计指导思想是整个设计与建造过程中遵循或努力实现的设计理念，例如环保、节能和生态可持续发展等；也包括一些不能忽视和回避的设计原则，如安全、牢固、经济、技术和设计理念的先进等，常被用作控制设计和建造质量的准则。

8.4.3 设计成果

设计成果体现在设计的优点、特点和技术经济指标方面，见之于设计说明之中，也体现在各种设计图和表现图上。任何艺术作品都具备唯一性，有着与众不同的艺术特点，这是大型项目方案说明之中会特别强调的内容。技术指标是指照度、室内混响和耐火极限这一类的技术参数；经济指标主要体现在有关用地指标和建筑面积及其分配等方面，这些指标都能反映设计的质量。

方案设计阶段的图纸文件，有设计说明、建筑总平面图、平面图、立面图、剖面图和设计效

果图等。

1）方案设计说明

方案设计说明包括方案设计总说明、总平面设计说明、建筑设计说明和其他各工种设计说明。

（1）方案设计总说明

①与工程设计有关的依据性文件的名称和文号，如用地红线图、政府有关主管部门对立项报告的批文、业主的设计任务书等。

②设计所执行的主要法规和所采用的主要标准（包括标准的名称、编号、年号和版本号）。

③设计基础资料，如气象、地形地貌、水文地质、地震基本烈度、区域位置等。

④简述政府有关主管部门对项目设计的要求。

⑤简述业主委托设计的内容和范围，包括功能项目和设备设施的配套情况。

⑥工程规模（如总建筑面积、总投资、容纳人数等）、项目设计规模等级和设计标准（包括结构的设计使用年限、建筑防火类别、耐火等级、装修标准等）。

⑦主要技术经济指标，如总用地面积、总建筑面积及各分项建筑面积、建筑基底总面积、绿地总面积、容积率、建筑密度、绿地率、停车泊位数，以及主要建筑的层数、层高和总高度等指标。技术指标能够反映设计质量的优劣，如抗震等级、防火等级、安全疏散等有关指标；经济指标能反映资源利用方面的合理与否，如与用地面积和建筑面积有关的各项指标。两者通常合在一起表述，统称为"技术经济指标"。

（2）总平面设计说明

①概述场地现状特点和周边环境情况及地质地貌特征，阐述总体方案的构思意图和布局特点，以及在竖向设计、交通组织、防火设计、景观绿化、环境保护等方面所采取的具体措施。

②说明关于一次规划、分期建设，以及原有建筑和古树名木保留、利用、改造（改建）的总体设想。

（3）建筑设计说明

①建筑方案的设计构思和特点。

②建筑群体和单体的空间处理、平面和竖向构成、立面造型和环境营造、环境分析（如日照、通风、采光）等。

③建筑的功能布局和各种出入口、垂直交通运输设施（如楼梯、电梯、自动扶梯）的布置。

④建筑内部交通组织、防火和安全疏散设计。

⑤关于无障碍和智能化设计方面的简要说明。

⑥当建筑在声学、建筑防护、电磁波屏蔽等方面有特殊要求时，应作相应说明。

⑦建筑节能设计说明，含设计依据、项目所在地的气候分区、建筑节能设计概述及围护结构节能措施等。

（4）其他各工种设计说明

其他还有结构设计说明、给水排水设计说明、采暖通风与空气调节设计说明、热能动力设计说明、投资估算说明等，由其他专业人员编写后编入方案设计说明。

2）方案设计图纸的构成、图纸深度和表达

（1）总平面设计应该表述的内容

①场地的区域位置。

②场地的范围(用地和建筑物各角点的坐标或定位尺寸)和地形测绘图。

③场地内及四邻环境的详尽介绍。

④场地内拟建道路、停车场、广场、绿地及建筑物的布置,并表示出主要建筑物与各类控制线(用地红线、道路红线、建筑控制线等)、相邻建筑物之间的距离、建筑物总尺寸,以及基地出入口与城市道路交叉口之间的距离。

⑤拟建主要建筑物的名称、出入口位置、层数、建筑高度、设计标高,以及地形复杂时主要道路和广场的控制标高。

⑥绘图比例、指北针或风玫瑰图,建筑总平面图中的比例一般是1∶500~1∶1000。

⑦根据需要绘制下列反映方案特性的分析图:功能分区、空间组合及景观分析、交通分析(人流及车流的组织、停车场的布置及停车泊位数量等)、消防分析、地形分析、绿地布置、日照分析、分期建设等。

总平面图最好做成彩色表现图,通常是将CAD或天正软件绘制的设计图(矢量图),先转换成为EPS格式的位图,再借助Photoshop等软件绘制成彩图(图8.12)。

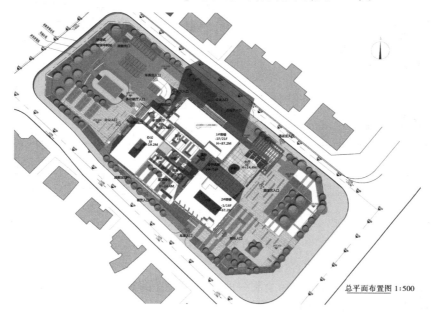

总平面布置图 1∶500

图8.12 某城市中心酒店总平面图

(2)方案平面图应表述的内容(图8.13)。

①平面的总尺寸、开间、进深尺寸及结构受力体系中的柱网、承重墙位置和尺寸(也可用比例尺表示)。

②各主要使用房间的名称。

③各楼层地面标高、屋面标高。

④室内停车库的停车位和行车线路。

⑤底层平面图应标明剖切线位置和编号,并应标示指北针。

⑥必要时应绘制主要用房的放大平面和室内布置。

⑦图纸名称、比例或比例尺。

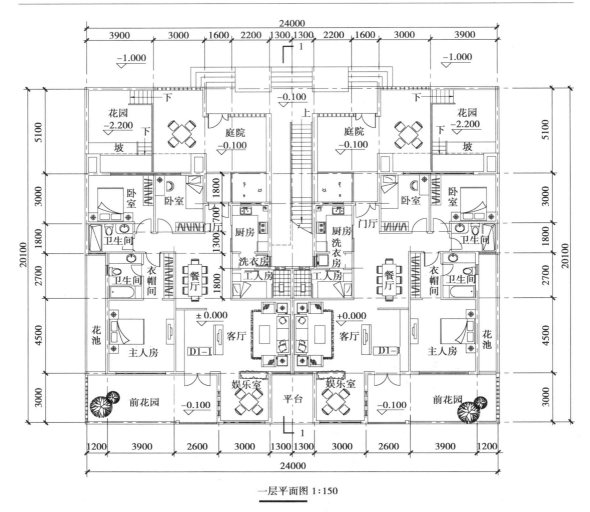

一层平面图 1:150

图 8.13 方案的建筑平面图局部

（3）方案立面图应表述的内容（图 8.14）

①为体现建筑造型的特点，选择绘制一两个有代表性的立面。

②各主要部位和最高点的标高或主体建筑的总高度。

③当与相邻建筑（或原有建筑）有直接关系时，应绘制相邻或原有建筑的局部立面图。

④图纸名称、比例或比例尺。

方案的立面图应该表现建筑立面上所有内容的投影，应采用不同粗细的实线来区别内容的主次，乃至前后空间关系，最后加上配景。主要线型有 4~5 个等级，由粗到细分别为地平线、建筑外轮廓线、局部轮廓线（例如雨棚、突出的柱子、阳台等）、实物的投影线（门窗洞口等），最后是分格线（例如门窗分格、墙面的分格线）。由于线条的特点是越粗越显得突出，因此较重要的或空间距离较近的物体，会用较粗的线条来描述，这个原理也应用于平面图、剖面图和总平面图。

（4）方案剖面图应表述的内容

①剖面应剖在高度和层数不同、空间关系比较复杂的部位。

②各层标高及室外地面标高，建筑的总高度。

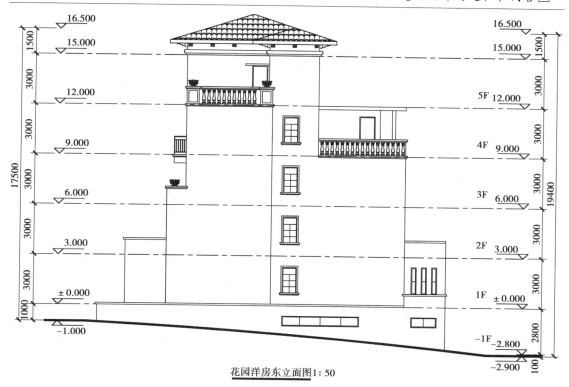

花园洋房东立面图1：50

图8.14 方案的建筑立面图

③若遇有高度控制时，还应标明最高点的标高。

④剖面编号、比例或比例尺。

剖面图用于反映建筑内部的垂直方向的空间关系，剖面图的获取位置（即剖切位置），应最能展现这种关系，见图8.15。

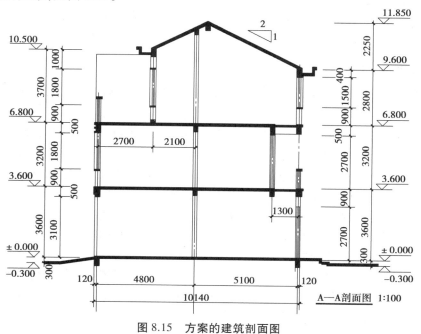

A—A剖面图 1：100

图8.15 方案的建筑剖面图

8.5 初步设计阶段和施工图设计阶段

8.5.1 初步设计阶段

建筑规模较大、技术含量较高或较重要的建筑,应进行初步设计,以实现技术的可行性,并以此缩短设计和施工的整个周期。初步设计作为方案设计和施工图之间的过渡,用于技术论证和各专业的设计协调,其成果也可作为业主采购招标的依据,而且便于业主与设计方或不同设计工种在深入设计时的配合。

对包括初步设计图纸在内的各设计阶段的设计深度和设计表达的要求,在住房城乡建设部印发的《建筑工程设计文件编制深度规定(2016年版)》里有详细规定。

8.5.2 施工图设计阶段

1)建筑工程全套施工图有关文件

①合同要求所涉及的包括建筑专业在内的所有专业的设计图纸,含图纸目录、说明和必要的设备、材料表以及图纸总封面;对于涉及建筑节能设计的专业,其设计说明应有建筑节能设计的专项内容。

②合同要求的工程预算书。对于方案设计后直接进入施工图设计的项目,若合同未要求编制工程预算书,施工图设计文件应包括工程预算书。

③各专业计算书。计算书不属于必须交付的设计文件,但应按《建筑工程设计文件编制深度规定》的相关条款要求编制并归档保存。

2)建筑工程施工图的作用

全套建筑工程施工图是由包括建筑专业施工图在内的各专业工种的施工图组成的,是工程建造和造价预算的依据。

3)建筑专业施工图

建筑专业施工图应交代清楚以下内容,使得负责施工的单位和人员能够照图施工而无疑义:

①施工的对象和范围:交代清楚拟建的建筑物的大小、数量、位置和场地处理等。

②施工对象从整体到各个细节,从场地到整个建筑直至各个重要细节(例如一个栏杆甚至一根线条)的以下内容:施工对象的形状,施工对象的大小,施工对象的空间位置,建造和制作所用的材料,材料与构件的制作、安装固定和连接方法,对建造质量的要求。

要交代清楚以上内容,主要是以图纸为主,文字(设计说明及图中的文字标注)为辅。设计说明主要用于系统地阐述设计和施工要点,以弥补设计图纸表达的不足。

(1)建筑专业施工图的构成

建筑专业施工图的图纸部分由总平面图、基本图和大样图组成,其叙述设计思想和对施工要求等内容的过程,是由宏观到微观,从整体到细节,从总平面到建筑物,再到各个细部的做法的过程,这也是施工图编绘和装订的顺序。

（2）建筑专业施工图的图纸文件

建筑专业施工图（简称建施图）的图纸文件应包括图纸目录、设计说明、设计图纸。其中，建筑施工图设计说明的主要内容包括：

①依据性文件名称和文号及设计合同等。

②项目概况。内容一般应包括建筑名称、建设地点、建设单位、建筑面积、建筑基底面积、项目设计规模等级、设计使用年限、建筑层数和建筑高度、建筑防火分类和耐火等级、人防工程类别和防护等级，人防建筑面积、屋面防水等级、地下室防水等级、主要结构类型、抗震设防烈度等，以及能反映建筑规模的主要技术经济指标，如住宅的套型和套数（包括每套的建筑面积、使用面积）、旅馆的客房间数和床位数、医院的门诊人次和住院部的床位数、车库的停车泊位数等。

③设计标高。应表明工程的相对标高与总图绝对标高的关系。

④用料说明和室内外装修。墙体、墙身防潮层、地下室防水、屋面、外墙面、勒脚、散水、台阶、坡道、油漆、涂料等处的材料和做法，可用文字说明或部分文字说明、部分直接在图上引注（或加注索引号）的方式表达，其中应包括节能材料的说明，另外还包括室内装修部分说明。

⑤对采用新技术、新材料的做法说明及对特殊建筑造型和必要的建筑构造的说明。

⑥门窗表及门窗性能（防火、隔声、防护、抗风压、保温、气密性、水密性等）、用料、颜色、玻璃、五金件等的设计要求。

⑦幕墙工程及特殊屋面工程（金属、玻璃、膜结构等）的性能及制作要求（节能、防火、安全、隔声构造等）。

⑧电梯（自动扶梯）选择及性能说明（功能、载重量、速度、停站数、提升高度等）。

⑨建筑防火设计说明。

⑩无障碍设计说明。

⑪建筑节能设计说明。包括设计依据，项目所在地的气候分区及围护结构的热工性能限值，建筑的节能设计概况，围护结构的屋面、外墙、外窗、架空或外挑楼板、分户墙和户间楼板等构造组成和节能技术措施，外窗和透明幕墙的气密性等级，建筑体形系数计算，窗墙面积比（包括天窗屋面比）计算和围护结构热工性能计算（确定设计值）。

⑫根据工程需要采取的安全防范和防盗要求及措施，以及隔声、减振减噪、防污染和防射线等的要求和措施。

⑬需要专业公司进行深化设计的部分。对分包单位应明确设计要求，确定技术接口的深度。

⑭其他需要说明的问题。

（3）建施图总平面布置图的主要内容（图8.16）

①保留的地形和地物。

②测量坐标网、坐标值。

③场地范围的测量坐标（或定位尺寸）、道路红线、建筑控制线、用地红线等的位置。

④场地四邻原有及规划的道路、绿化带等的位置（主要坐标或定位尺寸），以及主要建筑物和构筑物及地下建筑物等的位置、名称、层数。

⑤建筑物、构筑物（人防工程、地下车库、油库、贮水池等隐蔽工程以虚线表示）的名称或编号、层数、定位（坐标或相互关系尺寸）。

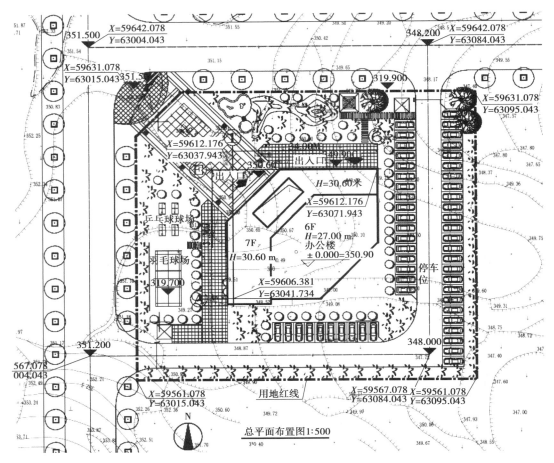

图 8.16 建施图总平面布置图举例

⑥广场、停车场、运动场地、道路、围墙、无障碍设施、排水沟、挡土墙、护坡等的定位(坐标或相互关系尺寸)。如有消防车道和扑救场地的,需注明。

⑦指北针或风玫瑰图。

⑧建筑物、构筑物使用编号时,应列出建筑物和构筑物名称编号表。

⑨注明尺寸单位、比例、坐标及高程系统(如为场地建筑坐标网时,应注明与测量坐标网的相互关系)、补充图例等。

建施图总平面布置图的设计和表达深度详见图 8.16,比例一般为 1∶500。施工图总平面中的设计标高均以海拔高度为主,称为绝对标高,以区别于平面、立面和剖面图中由设计师确定的、以底层室内地坪为零点的相对标高。

(4)建施图各平面图的主要内容(图 8.17)

①承重墙、柱及其定位轴线和轴线编号,内外门窗位置、编号及定位尺寸,门的开启方向,注明房间名称或编号,库房(储藏)注明储存物品的火灾危险性类别。

②轴线总尺寸(或外包总尺寸)、轴线间尺寸(柱距、跨度)、门窗洞口尺寸、分段尺寸。

③墙身厚度(包括承重墙和非承重墙),柱与壁柱截面尺寸(必要时)及其与轴线关系尺寸。当围护结构为幕墙时,应标明幕墙与主体结构的定位关系;玻璃幕墙部分应标注立面分

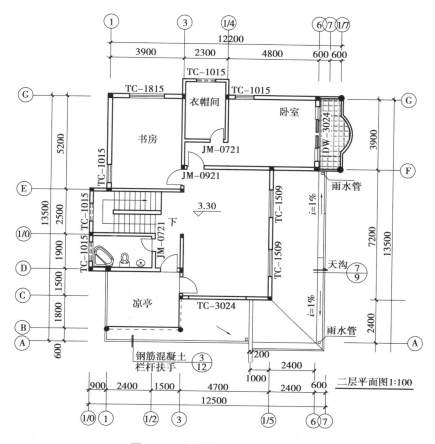

图 8.17 建筑施工图平面图举例

格间距的中心尺寸。

④主要结构和建筑构造部件的位置、尺寸和做法索引,如中庭、天窗、地沟、地坑、重要设备或设备机座的位置尺寸、各种平台、夹层、人孔、阳台、雨篷、台阶、坡道、散水、明沟等。

⑤楼地面预留孔洞和通气管道、管线竖井、烟囱、垃圾道等位置、尺寸和做法索引,以及墙体(主要为填充墙、承重砌体墙)预留洞的位置、尺寸与标高或高度等。

⑥车库的停车位(无障碍车位)和通行路线。

⑦特殊工艺要求的土建配合尺寸等。

⑧室外地面标高、底层地面标高、各楼层标高、地下室各层标高。

⑨底层平面标注剖切线位置、编号及指北针。

⑩有关平面节点详图或详图索引号。

⑪每层建筑平面中防火分区面积和防火分区分隔位置及安全出口位置示意(宜单独成图,如为一个防火分区,可不标注防火分区面积),或以示意图(简图)形式在各层平面中表示。

⑫住宅平面图中标注各房间使用面积、阳台面积。

⑬屋面平面应有女儿墙、檐口、天沟、坡度、坡向、雨水口、屋脊(分水线)、变形缝、楼梯间、水箱间、电梯机房、天窗挡风板、屋面上人孔、检修梯、室外消防楼梯及其他构筑物的必要的详图索引号、标高等;表述内容单一的屋面可缩小比例绘制。

⑭根据工程性质及复杂程度,必要时可选择绘制局部放大平面图。

⑮当建筑平面较长、较大时,可分区绘制,但必须在各分区平面图适当位置上绘出分区组合示意图,并明显表示本分区部位编号。

⑯图纸名称、比例。

(5)建施图的立面图(图8.18)

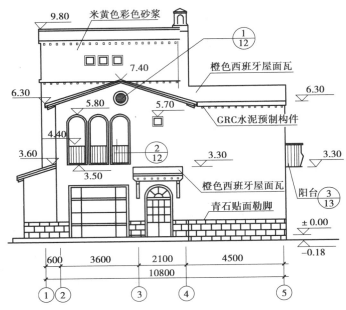

图8.18　建筑施工图立面举例

①两端轴线编号。立面转折较复杂时可用展开立面表示,但应准确注明转角处的轴线编号。

②立面外轮廓及主要结构和建筑构造部件的位置,如女儿墙顶、檐口、柱、变形缝、室外楼梯和垂直爬梯、室外空调机搁板、外遮阳构件、阳台、栏杆,台阶、坡道、花台等。

③建筑的总高度、楼层位置辅助线、楼层数和标高以及关键控制标高的标注,如女儿墙或檐口标高等。外墙的留洞应标注尺寸与标高或高度尺寸(宽×高×深及定位关系尺寸)。

④平面图、剖面图未能表示出来的屋顶、檐口、女儿墙,窗台以及其他装饰构件、线脚等的标高或尺寸。

⑤在平面图上表达不清的窗编号。

⑥各部分装饰用料名称或代号,剖面图上无法表达的构造节点详图索引。

⑦图纸名称、比例。

⑧各个方向的立面应绘齐全,但差异小、左右对称的立面或部分不难推定的立面可从简;内部院落或看不到的局部立面,可在相关剖面图上表示,若剖面图未能表示完全,则需单独绘出。

(6)建施图的剖面图(图8.19)

①剖视位置应选在层高不同、层数不同、内外部空间比较复杂、具有代表性的部位。建筑空间局部不同处以及平面、立面均表达不清的部位,可绘制局部剖面图。

②墙、柱、轴线和轴线编号。

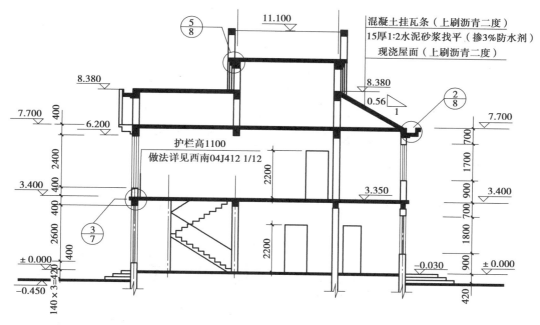

图 8.19　建筑施工图剖面举例

③剖切到或可见的主要结构和建筑构造部件,如室外地面、底层地(楼)面、地坑、地沟、各层楼板、夹层、平台、吊顶、屋架、屋顶、山屋顶烟囱、天窗、挡风板、檐口、女儿墙、爬梯、门、窗、外遮阳构件、楼梯、台阶、坡道、散水、平台,阳台等内容。

④高度尺寸。外部尺寸:门、窗、洞口高度、层间高度、室内外高差、女儿墙高度、阳台栏杆高度、总高度;内部尺寸:地坑(沟)深度、隔断、内窗、洞口、平台、吊顶等。

⑤标高。包括主要结构和建筑构造部件的标高,如室内地面、楼面(含地下室)、平台、雨篷、吊顶、屋面板、屋面檐口、女儿墙顶、高出屋面的建筑物、构筑物及其他屋面特殊构件等的标高,以及室外地面标高。

⑥节点构造详图索引号。

⑦图纸名称、比例。

(7)建施图的大样图

施工大样图(详图)分为三个层次,即局部大样、节点大样和构件大样。

①局部大样,是将建筑的一个较复杂的局部完整地提取出来进行放大绘制,以便于能够更详细地阐明施工做法、要求和标注众多的细部尺寸等(图 8.20)。这些局部通常是卫生间、楼梯间、电梯井和机房、宾馆的客房、酒楼的雅间等部位。局部大样的绘制比例一般为 1:50,由基本图索引出来进行放大。

②节点大样(构造大样),是关键部位的放大图,在这些部位汇集了较多的材料、细部做法要求和尺寸,必须放大才能交代完善。节点大样一般是从基本图或局部大样图索引出来的,比例为 1:10~1:20(图 8.21)。

③构件大样,一般是用以描绘连接构件的和其他小型构件,如预埋铁件等。因为构件本身尺度小,因此绘图比例为 1:1~1:10(图 8.22 和图 8.23),甚至会出现图比实物大的情况,如 $N:1$ 的绘图比例。构件大样一般由节点大样索引出来。

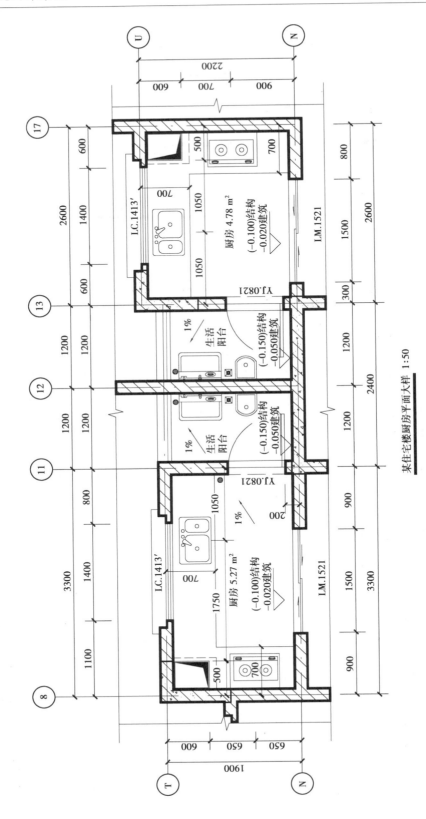

某住宅楼厨房平面大样 1:50

图8.20 建筑施工图的局部大样

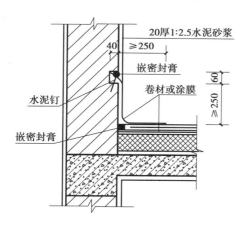

图 8.21　建筑施工图的节点大样

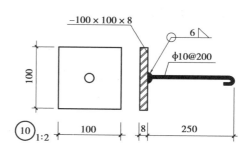

图 8.22　预埋铁件大样图 1

4）其他专业工种的施工图

建筑结构施工图和建筑设备安装的施工图等，由其他相关专业人员完成，与建筑施工图共同组成建筑工程施工图，作为建筑施工建造的依据。

8.5.3　施工现场服务

施工现场服务是指勘察、设计单位按照国家、地方有关法律法规和设计合同约定，为工程建设施工现场提供的与勘察设计有关的技术交底、地基验槽、处理现场勘察设计更改事宜、处理现场质量安全事故、参加

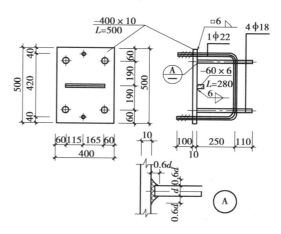

图 8.23　预埋铁件大样图 2

工程验收（包括隐蔽工程验收）等工作。施工现场服务是勘察设计工作的重要组成部分，其主要内容包括：

（1）技术交底

技术交底也称图纸会审，工程开工前，设计单位应当参加建设单位组织的设计技术交底，结合项目特点和施工单位提交的问题，说明设计意图，解释设计文件，答复相关问题，对涉及工程质量安全的重点部位和环节的标注进行说明。技术交底会形成一份《图纸会审纪要》，它是施工图纸文件的重要组成部分。

（2）地基验槽

地基验槽是由建设单位组织建设单位、勘察单位、设计单位、施工单位、监理单位的项目负责人或技术质量负责人共同进行的检查验收，评估地基是否满足设计和相关规范的要求。

（3）现场更改处理

①设计更改。若设计文件不能满足有关法律法规、技术标准、合同要求，或者建设单位因工程建设需要提出更改要求，应当由设计单位出具设计修改文件（包括修改图或修改通知）。

②技术核定。对施工单位因故提出的技术核定单内容进行校核，由项目负责人或专业负责人进行审批并签字，加盖设计单位技术专用章。

（4）工程验收

设计单位相关人员应当按照规定参加工程质量验收。参加工程验收的人员应当查看现场，必要时查阅相关施工记录，并依据工程监理对现场落实设计要求情况的结论性意见，提出设计单位的验收意见。

9 工业建筑设计

※**本章导读**

通过对本章的学习,应了解工业建筑设计原理;了解厂房的有关设计参数;了解工业建筑的采光通风原理、设计参数和构造措施;掌握厂区总平面设计的要点,以及单层和多层建筑设计的要点;熟悉排架结构厂房及构造;了解现代工业建筑的发展趋势。

9.1 工业建筑的概念

工业建筑,是指专供生产使用的建筑物、构筑物。其种类繁多,从重工业到轻工业,从小型到大型,从生产车间到设备设施,凡是从事工业生产的建筑物与构筑物均属于这个范畴。

现代工业建筑起源于 18 世纪下半叶开展工业革命的英国,随后蔓延到美国、德国以及欧洲、亚洲的几个工业发展较快的国家。时至今日,工业建筑的发展已历经 200 多年历史,在国民经济发展和社会文明进步中具有重要的地位并发挥着重要的作用。

当前,我国正处于经济高速发展期,工业建筑在建筑领域中占有越来越大的比重,成为城市建设的重要组成部分。工业建筑用地一般占总用地的 25%~30%,而在一些以工业为经济支柱的城市,因拥有一些大、中型企业,工厂用地比例甚至可达到 50% 以上。在城市的总体布局中,工业建筑区位布局、风向位置、环保处理措施、建筑形象等,对城市交通、环境质量、景观塑造及城市总体发展起着极为重要的作用和影响。

9.2　工业建筑的特点

1）厂房的设计建造与生产工艺密切相关

　　每一种工业产品的生产都有一定的生产程序,即生产工艺流程。为了保证生产的顺利进行,保证产品质量和提高劳动生产率,厂房设计必须满足生产工艺要求,不同生产工艺的厂房有不同的特征。

2）内部空间大

　　由于工业厂房中的生产设备多、体积大,各生产环节联系密切,还有多种起重和运输设备通行,所以需要厂房内部具有较大的开敞空间,且对结构要求较高。例如,有桥式吊车的厂房,室内净高一般均在 8 m 以上;厂房长度一般均在数十米,有些大型轧钢厂,其长度可达数百米甚至超过千米。

3）厂房屋顶面积大,构造复杂

　　当厂房尺度较大时,为满足室内采光、通风的需要,屋顶上往往会开设天窗;为了屋面防水、排水的需要,还要设置屋面排水系统(天沟及落水管),这些设施造成屋顶构造复杂。

4）荷载大

　　工业厂房由于跨度大,屋顶自重就大,且一般都设置一台或更多起重量为数十吨的吊车,同时还要承受较大的振动荷载,因此多数工业厂房采用钢筋混凝土骨架承重。对于特别高大的厂房,或有重型吊车的厂房,或高温厂房,或地震烈度较高地区的厂房,需要采用钢骨架承重。

5）需满足生产工艺的某些特殊要求

　　对于一些有特殊要求的厂房,为保证产品质量和产量,保护工人身体健康及生产安全,厂房在设计建造时就会采取技术措施来满足某些特定要求。如热加工厂房因产生大量余热及有害烟尘,需要足够的通风;精密仪器、生物制剂、制药等厂房,要求车间内空气保持一定的温度、湿度、洁净度;有的厂房还有防振、防辐射或电磁屏蔽的要求等。

9.3　工业建筑设计的特点

　　工业建筑具有一般建筑的共性,又具有突出的个性,因此在设计上有着与民用建筑设计不同的特点。

1）服务目的不同

　　一般来讲,民用建筑是以满足人们的生活、工作等需要为主要目的;而工业建筑是以满足生产需要、保证设备的安全及生产的顺利进行和人们在其内正常工作为主要目的。工业建筑作为直接服务于工业生产的建筑类型,顾名思义,它是人们进行集约化生产的场所。工业建筑首先要满足生产中的场地、运输、库存等基本生产要求,同时还要兼顾人们在劳作中的环境舒适性。

2)设计要求不同

工业建筑的功能设计主要是为了服务于生产活动,保证生产活动的顺利开展与进行。一般来说,评价一个工业建筑项目是否成功的最基本标准就是一个合格的工业建筑项目必须能够保证其内部设备的正常运行。不同的生产设备的使用功能和性能是不一样的,所以,工业建筑的设计工作一定要将设备的特点和功能作为最基础的依据。

3)与民用建筑设计的程序不同

工业建筑设计与民用建筑设计最大的区别是工业建筑设计比民用建筑设计多了一道工艺设计。对于工业建筑来说,首先要由工艺设计人员对其进行工艺设计,然后提供生产工艺资料供设计师分析使用。

工业建筑建筑形式和结构形式的选择,主要是由工艺、设备、生产操作及生产要求等诸多因素所决定的。建筑设计应与工艺设计多进行交流、配合,同时满足工艺和结构设计的基本要求。例如,在做选煤厂设计时,由于原材料为颗粒状,每道工序都是在由上到下的重力流动中逐渐进行的。因此,对选煤厂进行设计的关键是弄清生产线竖向流程,由该流程上标示的设备确定厂房平面、层高及建筑高度。选煤厂还有较多的设备及与其连接的各类输送管道,应由这些设备管道和工作人员的活动范围确定平面开间及跨度,根据设备的各阶段连接确定厂房的层高和高度。在整个平面、层高确定后,还要按工艺要求进行复核调整,直至达到工艺生产要求。

结构设计也要与工艺设计协调。厂房是为生产服务的,厂房设计中结构专业作为配套专业,首先应满足工艺要求,结构设计也必须服从于工艺条件。而现实中工艺布置经常与结构设计发生矛盾,例如要开洞的地方是框架梁,设备本来可以沿梁布置却布置在了跨中等。所以结构设计人员应多与工艺协调,尽量了解工艺布置,尽量为设计和施工减少不必要的麻烦。

4)荷载作用不同

荷载计算是结构计算的条件,荷载取值的准确性直接关系到计算结果的准确性。工业建筑中的设备不仅要考虑静荷载,还要考虑动荷载影响,计算过程极其复杂,且基于生产工艺流程和相应配制的设备,以及生产操作、设备维护更新等实际要求,工业建筑的楼面荷载往往很大。如许多工业厂房的吊车梁上有吊车荷载,吊车荷载最大轮压超过 70 t,由两组移动的集中荷载组成,一组是移动的竖向垂直轮压,另一组是移动的横向水平制动力。吊车荷载具有冲击和振动作用,且是重复荷载,如果车间使用期为 50 年,则在这期间重级工作制吊车荷载重复次数可达到 $(4 \sim 6) \times 10^5$ 次,中级工作制吊车一般也可达 2×10^6 次,因此要考虑疲劳而引起的强度降低,进行疲劳强度验算。

另外,工业建筑由于每一层平面均不相同,平面漏空多,加上设备的分布,使得整栋楼的质量分布极不均匀,质量的刚心严重偏离。同时,由于开洞面积太大并常有楼层错层现象,导致楼板局部不连续,其侧向刚度也不规则,所以工业建筑不利于抗震,地震时容易产生扭转,在设计时要采取相应措施来克服这种不利影响。

5)预留孔和预埋件较多

为了满足工艺的需要,且需要安装大量的设备,工业建筑需要大量埋设预埋件(预埋螺栓),同时要设许多预留孔。各预留孔和预埋件(预埋螺栓)与轴线的几何关系以及空间(上下层间)几何关系非常复杂,而且相互间几何关系要求非常高,每层的标高和螺栓埋设位置都要求非常精确,这就要求设计人员在结构施工图中详细标明预埋件(预埋螺栓)的大小规格及准确的定位尺寸。如果未在结构施工图中画出预埋件(预埋螺栓),往往会造成预埋件(预埋螺栓)漏埋,现场补设预埋件(预埋螺栓)既费事又浪费,既增加了业主的投资,又拖延了施工进度。因此,结构设计人员在出图之前应认真设计、复核,在结构施工图中必须注明预埋件(预埋螺栓)的大小及定位尺寸,技术交底时,也必须向施工单位阐明这一点。预埋件(预埋螺栓)一定要按照工艺和结构设计的基本要求来设计和选择相应的受力预埋件(预埋螺栓),所以建筑设计时需要与工艺专业多进行交流。

9.4 工业建筑的分类

1)按层数分类

按层数不同,一般分为单层厂房、多层厂房、层数混合厂房等。

(1)单层厂房

单层厂房是层数仅为1层的工业厂房(图9.1),适用于大型机器设备或有重型起重运输设备的厂房。其特点是生产设备体积大、质量大,厂房内以水平运输为主。

(2)多层厂房

多层厂房是层数在2层以上的厂房(图9.2),常用的为2~6层,适用于生产设备及产品较轻、可沿垂直方向组织生产和运输的厂房,如食品、电子精密仪器或服装工业等用厂房。其特点如下:

图9.1 单层厂房

图9.2 多层厂房

①生产在不同标高的楼层上进行。多层厂房的最大特点是每层之间不仅有水平的联系,还有垂直方向的。因此在厂房设计时,不仅要考虑同一楼层各工段间应有合理的联系,还必须解决好楼层之间的垂直联系,安排好垂直交通。

②节约用地。多层厂房具有占地面积少、节约用地的特点。例如建筑面积为10000 m²的单层厂房,它的占地面积就需要10000 m²,若改为五层的多层厂房,其占地面积仅需要2000 m²,相较于单层厂房更节约用地。

③节约投资:a.减少土建费用。由于多层厂房占地少,从而使地基的土石方工程量减少,屋面面积减少,相应地也减少了屋面天沟、雨水管及室外的排水工程等费用。b.缩短厂区道路和管网。多层厂房占地少,厂区面积也相应减少,厂区内的铁路、公路运输线及水电等各种工艺管线的长度缩短,可节约部分投资。

④多层厂房柱网尺寸较小,通用性较差,不利于工艺改革和设备更新,当楼层上布置有震动较大的设备时,对结构及构造要求较高。

（3）层数混合厂房

同一厂房内既有单层也有多层的称为混合层数的厂房(图9.3),多用于化学工业、热电站的主厂房等。其特点是能够适用于同一生产过程中不同工艺对空间的需求,经济实用。

图9.3　层数混合厂房

2）按用途分类

按用途不同,一般分为主要生产厂房、辅助生产厂房、动力用厂房、库房、运输用房和其他用房等。

①主要生产厂房:在这类厂房中进行生产工艺流程的全部生产活动,一般包括从备料、加工到装配的全部过程。生产工艺流程是指产品从原材料到半成品到成品的全过程,例如钢铁厂的烧结、焦化、炼铁、炼钢车间。

②辅助生产厂房:为主要生产厂房服务的厂房,例如机械修理车间、工具车间等。

③动力用厂房:为主要生产厂房提供能源的场所,例如发电站、锅炉房、煤气站等。

④库房:为生产提供存储原料(例如炉料、油料)、半成品、成品等的仓库。

⑤运输用房:为生产或管理用车辆提供存放与检修的房屋,例如汽车库、消防车库、电瓶车库等。

⑥其他用房,包括解决厂房给水、排水问题的水泵房、污水处理站,厂房配套生活设施等。

3）按生产状况分类

按生产状况不同分为冷加工车间、热加工车间、恒温恒湿车间、洁净车间、其他特种状况的车间等。

①冷加工车间(图9.4),是指供常温状态下进行生产的厂房,例如机械加工车间、金工车间等。

②热加工车间(图9.5),是指供高温和熔化状态下进行生产的厂房,可能散发大量余热、烟雾、灰尘、有害气体,例如铸工、锻工、热处理车间。

图9.4 冷加工车间

图9.5 热加工车间

③恒温恒湿车间,是指在恒温(20 ℃左右)、恒湿(相对湿度为50%～60%)条件下生产的车间,例如精密机械车间或纺织车间等。

④洁净车间(图9.6),是指在高度洁净的条件下进行生产的厂房,防止大气中灰尘及细菌对产品的污染,例如集成电路车间、精密仪器加工及装配车间等。

⑤其他特种状况的车间,是指生产过程中有爆炸可能性、有大量腐蚀物、有放射性散发物、有防微振或防电磁波干扰要求等情况的厂房。

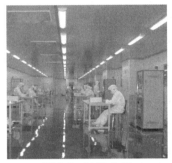

图9.6 洁净车间

9.5 工业建筑的设计要求

工业建筑设计过程是:建筑设计人员根据设计任务书和工艺设计人员提出的生产工艺设计资料和图纸(图9.7),设计厂房的平面形状、柱网尺寸、剖面形式、建筑体形;合理选择结构方案和围护结构的类型,进行细部构造设计;协调建筑、结构、水、暖、电、气、通风等各工种。工业建筑设计应正确贯彻"坚固适用、经济合理、技术先进"的原则,并满足如下要求。

1)满足生产工艺的要求

生产工艺是工业建筑设计的主要依据,建筑设计之前,应该先做工艺设计并提出工艺要求,工艺设计图是生产工艺设计的主要图纸,包括工艺流程图、设备布置图和管道布置图。生产工艺的要求就是该建筑使用功能上的要求,建筑设计在建筑面积、平面形状、柱距、跨度、剖面形式、厂房高度以及结构方案和构造措施等方面,必须满足生产工艺的要求。

2)满足建筑技术的要求

①工业建筑的坚固性及耐久性应符合建筑的使用年限要求。建筑设计应为结构设计的经济合理性创造条件,使结构设计更利于满足安全性、适用性和耐久性的要求。

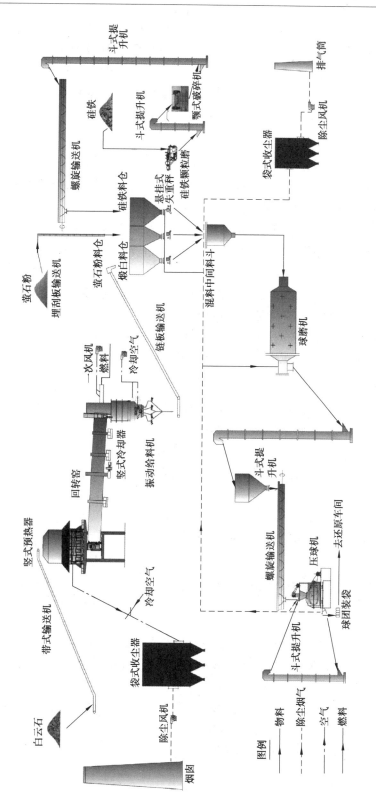

图9.7 工艺设计的设备布置举例

②建筑设计应使厂房具有较大的通用性和改建、扩建的可能性。

③应严格遵守《厂房建筑模数协调标准》(GB/T 50006—2010)及《建筑模数统一协调标准》(GBT 50002—2013)的规定,合理选择厂房建筑设计参数(柱距、跨度、柱顶标高、多层厂房的层高等),以便采用标准的、通用的结构构件,尽量做到设计标准化、生产工厂化、施工机械化,从而提高厂房建造的工业化水平。

3)满足建筑经济的要求

①在不影响卫生、防火及室内环境要求的条件下,将若干个车间(不一定是单跨车间)合并成联合厂房,对现代化连续生产极为有利。因为联合厂房占地较少,外墙面积也相应减小,还缩短了管网线路,使用灵活,能满足工艺更新的要求。

②应根据工艺要求、技术条件等,尽量采用多层厂房,以节省用地等。

③在满足生产要求的前提下设法缩小建筑体积,通过充分利用空间,合理减少结构面积,提高使用面积。

④在不影响厂房的坚固、耐久、生产操作、使用要求和施工速度的前提下,应尽量降低材料的消耗,从而减轻构件的自重和降低建筑造价。

⑤设计方案应便于采用先进的、配套的结构体系及工业化施工方法。但是,必须结合当地的材料供应情况,施工机具的规格、类型以及施工人员的技能考虑。

4)满足卫生及安全的要求

①应有与厂房所需采光等级相适应的采光条件,以保证厂房内部工作面上的照度满足要求;应有与室内生产状况及气候条件相适应的通风措施。

②能排除生产余热、废气,提供正常的卫生、工作环境。

③对散发出的有害气体、有害辐射、严重噪声等,应采取净化、隔离以及消声、隔声等措施。

④美化室内外环境,注意厂房内部的水平绿化、垂直绿化及色彩处理。

⑤总平面设计时,应将有污染的厂房放在下风位。

9.6 工厂总平面设计

工厂总平面设计是根据全厂的生产工艺流程、交通运输、卫生、防火、风向、地形、地质等条件确定建筑物、构筑物的布局;合理地组织人流和货流,避免交叉和迂回;合理布置各种工程管线;进行厂区竖向设计;美化和绿化厂区等。建筑物布局时,应保证生产运输线最短,不迂回,不交叉干扰,并保证各建筑物的卫生和防火要求等。工厂的总平面设计反映了设计师对整个工厂布局的宏观把控,合理的总平面设计能够减少工程项目的成本,加快工厂建设的施工进度,对工厂今后的生产也有很大的帮助。

9.6.1　工厂址选择原则

工厂总平面的功能分区一般包括生产区和厂前区两大部分。如图9.8所示,生产区主要布置生产厂房、辅助建筑、动力建筑、原料堆场、备品及成品仓库、水塔和泵房等,厂前区主要布置行政办公楼等。各厂房在总平面的位置确定后,其平面设计会受总图布置的影响和约束,工厂总平面图在人流及物流组织、地形和风向等方面对厂房平面形式有直接影响。

图9.8　厂区内部功能分区

①厂址选择必须符合工业布局和城市规划的要求,并按照国家有关法律、法规及建设前期工作的规定进行。

②配套的居住区、交通运输、动力公用设施、废料场及环境保护工程等用地,应与厂区用地同时选择。

③厂址选择应在对原料和燃料及辅助材料的来源、产品流向、建设条件、经济、社会、人文、环境保护等各种因素进行深入的调查研究,并进行多方案技术经济比较后择优确定。

④厂址宜靠近原料、燃料基地或产品主要销售地,并有方便、经济的交通运输条件。

⑤厂址应有必需的水源和电源,用水、用电量特别大的工业企业,宜靠近水源和电源。

⑥散发有害物质的工业企业厂址,应位于城镇、相邻工业企业和居住区全年最小频率风向的上风侧,不应位于窝风地段。

⑦厂址的工程地质条件和水文地质条件要好。

⑧厂址应选择适宜的地形,应有必需的场地面积,并应适当留有发展的余地。

⑨厂址应有利于工厂同关系密切的其他单位之间的协作。

9.6.2　工业建筑的总平面设计的主要内容

①合理地进行用地范围内建筑物、构筑物及其他工程设施的平面布置,处理好相互间关系。

②结合场地状况,确定场地排水,计算土方工程量、建筑物和道路的标高,并合理进行竖向布置。

③根据使用要求,合理选择交通运输方式,搞好道路路网布置,组织好厂区内的人流、货运流线。

④协调室内外及地上、地下管线敷设的管线综合布置。

⑤布置厂区绿化,做好环境保护,考虑处理"三废"和综合利用的场地位置。

⑥与工艺设计、交通运输设计、公用工程(水电气供应等)设计等相配合。

9.6.3 工业建筑总平面设计要点

①应在满足生产的需要和防火、安全、通风、日照等要求的同时,尽量节约用地,紧凑布置。

②建筑物的平面轮廓宜采用规整的形状,避免造成土地浪费和增加建造难度。

③充分利用厂区的边角、零星地布置次要辅助建、构筑物、堆场等;有铁路运输的工厂,应合理选择线路接轨处,使铁路进场专用线与厂区形成的夹角控制在60°左右,以减少扇形面积,提高土地利用率。

④尽量少占或不占耕地,充分利用荒地、坡地、劣地及河、湖、海滩等地。

⑤将分散的建筑物合并成联合厂房,可以节约用地、缩短运距和管线长度,减少投资;且有利于机械化、自动化,可以适应工艺的不断发展和变化,如图9.9所示。

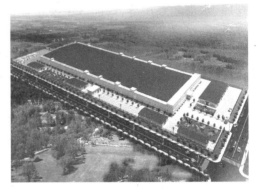

图9.9　厂房合并节约土地

9.6.4 总平面中生产厂房设计要点

厂区还可细分为厂前区、生产区、仓库区,有些厂还需设计生活区。各个部分的设计要点如下:

①厂前区一般安排产品销售、行政办公、产品设计研究、质量检验及检测中心(或中心化验室),根据不同的需要将各个部分建筑集中或分散布置。

②生产区根据工艺流程来安排生产顺序,一般是"原材料检验→零配件粗加工→零配件细加工→装配→试车→产品检验→产品包装→入库"。应根据不同生产性质布置各工序工种厂房,有的产品可集中在大厂房中,有的则需分散布置。

③仓库区一般分为三个部分:一是原料库,主要存放够生产一个周期的备用原材物料;二是设备库,用于储备生产设备、备用件及需要及时更换的零配件,其储存量应能保证生产使用;三是成品库,用于及时存放已包装的待售产品。仓库的设置要结合生产流程,原料库放在工艺流程的上游,成品库放在下游,设备库则可根据各工序和需要分散存放于各流程之中。仓库的设置还要根据运输条件,如大宗原材料及成品运输可能涉及铁路、公路专用线,需建设相应的货台以利装卸。至于仓库容积的大小,应根据生产储备的需要量和现代物流行业的需求情况来确定,仓库的平面布置则需根据生产规模,原材料产地及运输条件诸多因素来确定,如图9.10所示。

④生活区一般分为两个部分,一是在厂内必须设置的更衣室、浴室、食堂,这个部分有的单独设置,也有的分散安排在车间,对生产性质不间断的某些小厂,也可设计在厂外。第二个部分就是供职工生活的居住区,包括单身职工宿舍及家属住宅,特别是远离城市的工矿厂区更需要考虑,如图9.11所示。

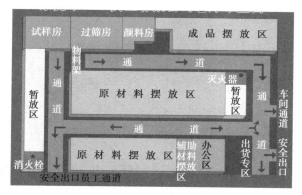

图 9.10　原材料及成品堆放区

图 9.11　厂区内宿舍区

随着经济快速发展,以往以功能为主的总平面设计已经不能满足现代工业建筑的发展要求。因此,在设计中除了考虑留足建筑间距,保证房屋的日照、通风条件外,还要考虑对环境的要求及良好的服务功能,例如应配备漫步、休憩、晒太阳、遮阴、聊天等户外活动场所。特别是在厂前区和生活区,也与民用建筑一样要求进行绿化、美化,最终建设起无污染、环境优美的园林化的工厂。

9.7　单层工业建筑

目前,我国单层工业厂房约占工业建筑总量的 75%。单层厂房有利于沿地面水平方向组织生产工艺流程、布置大型设备,这些设备的荷载会直接传给地基,也有利于生产工艺的改革。

单层厂房按照跨数的多少又有单跨和多跨之分,如图 9.12 所示。多跨厂房在实际的生产生活中采用得较多,其面积最多可达数万平方米,但也有特殊要求的车间会采用很大的单跨(36~100 m),例如飞机库、船坞等。

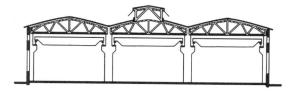

图 9.12　单跨与多跨厂房

单层厂房有墙承重与骨架承重两种结构类型。只有当厂房的跨度、高度、吊车荷载较小时才用墙承重方案,当厂房的跨度、高度、吊车荷载较大时,多采用骨架承重结构体系。骨架承重结构体系由柱子、屋架或屋面大梁等承重构件组成,其结构体系可以分为刚架、排架及空间结构。其中以排架最为多见,因为其梁柱间为铰接,可以适应较大的吊车荷载。在骨架结构中,墙体一般不承重,只起围护或分隔空间的作用。我国单层厂房现多采用钢筋混凝土排架结构(图 9.13)和钢排架(图 9.14)。

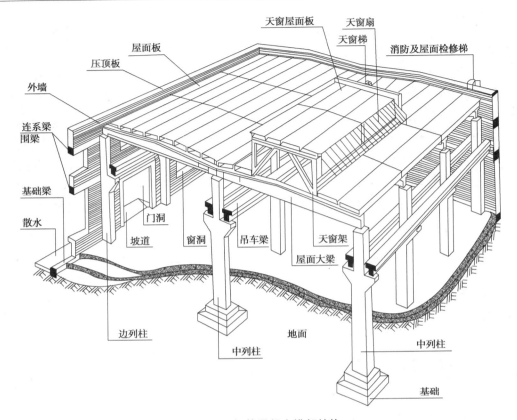

图 9.13　钢筋混凝土排架结构

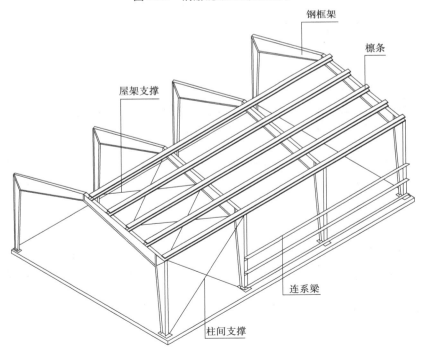

图 9.14　钢排架结构

骨架结构的厂房内部具有宽敞的空间,有利于生产工艺及其设备的布置及工段的划分,也有利于生产工艺的更新和改善。

9.7.1 排架结构

钢筋混凝土排架结构多采用预制装配的施工方法。结构构成主要由横向骨架、纵向连系杆以及支撑构件组成,如图9.13所示。横向骨架主要包括屋面大梁(或屋架)、柱子、柱基础。纵向构件包括屋面板、连系梁、吊车梁、基础梁等。此外,还有垂直和水平方向的支撑构件用以提高建筑的整体稳定性。

钢结构排架与预制装配式钢筋混凝土排架的组成基本相同,如图9.14所示。

9.7.2 轻型门式刚架结构

轻型门式刚架结构近年来在钢结构建筑中应用广泛(图9.15),它是用门式刚架作为主要承重结构,再配以零件、扣件、门窗等形成比较完善的建筑体系。它以等截面或变截面的焊接H型钢作为梁柱,以冷弯薄壁型钢作檩条、墙梁、墙柱,以彩钢板作为屋面板及墙板,现场用螺栓或焊接拼接成的。

轻型门式刚架结构由工厂批量生产,在现场拼装形成,能有效地利用材料,其构件尺寸小、自重轻,抗震性能好,施工安装方便,建设周期短,能够形成大空间及大跨度,如图9.16所示。轻型门式刚架结构具有外表美观、适应性强、造价低、易维护等特点。

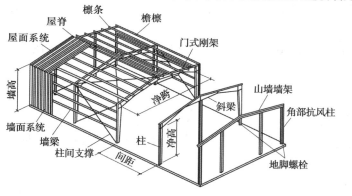

图9.15 轻型门式刚架结构

图9.16 轻型门式刚架结构实例

单层工业与民用房屋的钢结构中应用较多的为单跨、双跨或多跨的单双坡门式钢架,单跨钢架的跨度国内最大已达到72 m。

1)结构形式

门式钢架分为单跨、双跨、多跨以及带挑檐的和带毗屋的钢架形式,其中多跨钢架宜采用双坡或者单坡屋盖,必要时也可采用由多个双坡单跨相连的多跨钢架形式,如图9.17所示。

单层门式刚架轻型房屋可采用隔热卷材做屋盖隔热和保温层,也可采用带隔热层的板材做屋面。

门式刚架的屋面坡度宜取1/20~1/8,在雨水较多的地区宜取较大值。

2)建筑尺寸

门式刚架的跨度,应取横向刚架柱轴线间的距离,宜为9~36 m,以3M为模数。

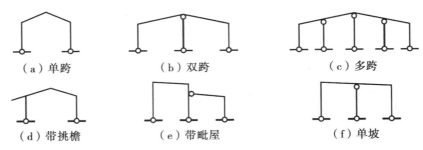

（a）单跨　　　　　　（b）双跨　　　　　　（c）多跨

（d）带挑檐　　　　　（e）带毗屋　　　　　（f）单坡

图 9.17　门式刚架的形式

门式刚架的高度,应取地面至柱轴线与斜梁轴线交点的高度,宜为 4.5~9 m,必要时可适当加大。

门式刚架的间距,即柱网轴线在纵向的距离宜为 4.5~12 m。

3）结构、平面布置

门式刚架结构的纵向温度区段长度不大于 300 m,横向温度区段长度不大于 150 m。

4）墙梁布置

门式刚架结构的侧墙,在采用压型钢板作维护面时,墙梁宜布置在刚架柱的外侧。

外墙在抗震设防烈度不高于 6 度的情况下,可采用砌体;当为 7 度、8 度时,不宜采用嵌砌砌体,9 度时,宜采用与柱柔性连接的轻质墙板。

5）支撑布置

柱间支撑的间距一般取 30~40 m,不大于 60 m。房屋高度较大时,柱间支撑要分层设置。

9.7.3　单层厂房的平面设计

1）生产工艺与厂房平面设计

厂房建筑的平面设计必须满足生产工艺的要求。生产工艺平面图设计主要包括下面 5 方面内容:

①根据生产的规模、性质、产品规格等确定生产工艺流程。

②选择和布置生产设备和起重运输设备。

③划分车间内部各生产工段及其所占面积。

④初步拟订厂房的跨数、跨度和长度。

⑤提出生产工艺对建筑设计的要求,如采光、通风、防振、防尘、防辐射等。

例如,某机械加工车间的生产工艺平面如 9.18 所示。

（1）按平面形式分类

单层厂房的平面形式主要有单跨矩形、多跨矩形、方形、L 形、E 形、H 形等几种,如图 9.19 所示。

矩形平面厂房在实际工程中选用最多,其平面形式较简单,利于抗震设计和施工,综合造价较低,且建筑具有良好的通风、采光、排气散热和除尘的功能,适用于中型以上的热加工厂房,如轧钢、锻造、铸工等。在总平面布置时,宜将纵横跨之间的开口迎向当地夏季主导风向,或与夏季主导风向成小于等于 45° 的夹角。

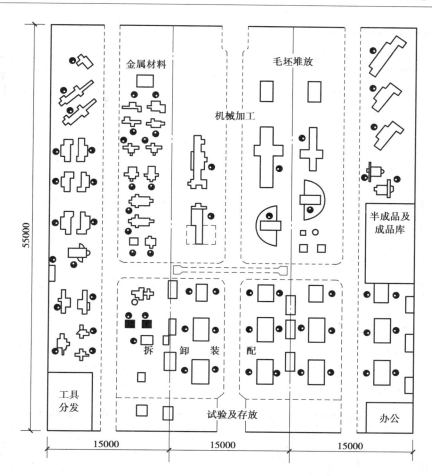

图 9.18 某机械加工车间的生产工艺平面

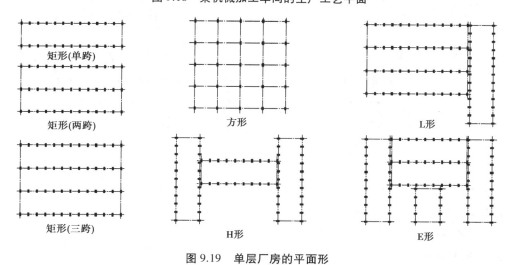

图 9.19 单层厂房的平面形

（2）按工艺流程分类

生产工艺流程一般以直线式、平行式、垂直式这三种为主，如图 9.20 所示。

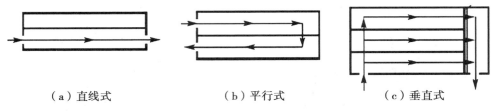

（a）直线式　　　　　　　　（b）平行式　　　　　　　　（c）垂直式

图 9.20　生产工艺流程

①直线式:原料由厂房一端进入,成品或半成品由另一端运出,厂房多为矩形平面,可以是单跨或多跨平行布置。其特点是厂房内部各工段间联系紧密,但运输线路和工程管线较长。这种平面简单规整,适合对保温要求不高或工艺流程不会改变的厂房,如线材轧钢车间。

②平行式:原料从厂房的一端进入,产品由同一端运出,与之相适应的是多跨并列的矩形或方形平面。其特点是工段联系紧密,运输线路和工程管线短捷,形状规整,节约用地,外墙面积较小,利于节约材料和保温隔热,适合于多种生产性质的厂房。

③垂直式:垂直式的特点是工艺流程紧凑,运输线路及工程管线较短,相适应的平面形式是 L 形平面,会出现垂直跨。

2）单层厂房的柱网选择

在骨架结构的厂房中,柱子是主要的竖向承重构件,其在平面中排列所形成的网格称为柱网,如图 9.21 所示。柱子纵向定位轴线之间的距离称为跨度,横向定位轴线之间的距离称为柱距。柱网的设计就是根据生产工艺要求等因素确定跨度及柱距。

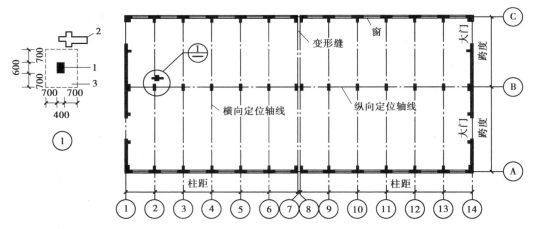

图 9.21　单层厂房柱网

柱网的选择除满足基本的生产工艺流程需求外,还需满足以下设计要求:

①满足生产工艺设备的要求。

②严格遵守《厂房建筑模数协调标准》(GB/T 50006—2010)。

③应调整和统一柱网。

④尽量选用扩大柱网。

《厂房建筑模数协调标准》(GB/T 50006—2010)要求厂房建筑的平面和竖向的基本协调模数应取扩大模数 3M。(备注:M = 100 mm)。当建筑跨度不大于 18 m 时,应采用扩大模数

30M 的尺寸系列,即取 9 m、12 m、15 m、18 m。当跨度大于 18 m 时,取扩大模数 60M ,模数递增,即取 24 m、30 m 和 36 m。柱距应采用扩大模数 60M,即 6 m、12 m。

与民用建筑相同的是,适当扩大柱网可以有效提高工业建筑面积的利用率;有利于大型设备的布置及产品的运输;有利于提高工业建筑的通用性,适应生产工艺的变更及设备的更新;有利于提高吊车的服务范围;有利于减少建筑结构构件的数量,加快建设进度,提高效率。

9.7.4 单层厂房的剖面设计

单层厂房的剖面设计主要是指横剖面设计,其合理与否,会直接影响到厂房的使用及经济性。因此,生产工艺的要求、结构形式的选择、采光通风以及屋面的排水设计都对剖面的设计产生重大影响。

1)生产工艺与厂房剖面设计

(1)设计要点

厂房的剖面设计同样受生产工艺的制约,生产设备、运输工具、原材料码放、产品尺度等对建筑高度、采光形式、通风、排水的要求,都是设计时需要考虑的。这些要求包括:

①满足生产工艺的需求。

②设计参数符合《厂房建筑模数协调标准》(GB/T 50006—2010)。

③满足生产工艺及设备的采光、通风、排水、保温、隔热要求。

④尽量选用合理经济、易于施工的构造形式。

(2)厂房内部的高度

厂房的高度是指室内地坪标高到屋顶承重结构下表面的距离。若屋顶为坡屋顶,则厂房的高度是由地坪标高到屋顶承重结构的最低点的垂直距离。因此,厂房的高度一般以柱顶标高来代表。

柱顶标高的确定一般分为两种:

①无吊车作业的工业建筑中,柱顶标高的设计是按最大生产设备高度安装及检修要求的净空高度等来确定的,设计应符合《工业企业设计卫生标准》(GBZ1—2010)、《厂房建筑模数协调标准》(GB/T 50006—2010)的要求,同时设计还需符合扩大模数 3M 模数的规定,且一般不得低于 3.9 m。

②有吊车作业车间(图 9.22)的柱顶标高的确定,可套用以下公式计算获得:

$$H = H_1 + h_6 + h_7$$

式中　H——柱顶标高,m,必须符合 3M 的模数;

　　　H_1——吊车轨顶标高,m,一般由工艺要求提出;

　　　h_6——吊车轨顶至小车顶面的高度,m,根据吊车资料查出;

　　　h_7——小车顶面到屋架下弦底面之间的安全净空尺寸,mm。按国家标准及根据吊车起重量可取 300 mm、400 mm 或 500 mm。

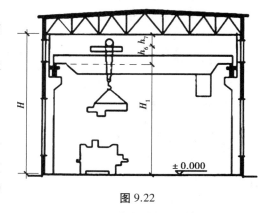

图 9.22

吊车轨顶标高 H_1 实际上是牛腿标高与吊车梁高、吊车轨高及垫层厚度之和。当牛腿标高小于 7.2 m 时,应符合 3M 模数;当牛腿标高大于 7.2 m 时,应符合 6M 模数。为了使厂房具有较大的适应性,设计时往往会增大厂房高度作为备用空间。因厂房高度直接影响厂房造价,所以在确定高度时要注意空间的合理性及经济性,车间如有特殊设备或工艺要求时,可以灵活处理。如图 9.23 所示,某厂房变压器修理工段在修理大型变压器时,需将芯子从变压器中抽出,维修工人将其放在室内地坪下 3 m 深的地坑内进行抽芯操作,使轨顶标高由 11.4 m 降到 8.4 m,减少了空间浪费。设计时,还可以利用两榀屋架间的空间布置特别高大的设备。

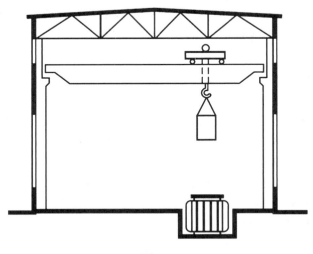

图 9.23

2)厂房剖面设计中的采光、通风及排水

(1)采光

天然采光是利用日光或天光提供的优质采光条件,在厂房的设计中应充分利用天然采光。我国的《建筑采光设计标准》(GB/T 50033—2013)规定,在采光设计中,天然采光标准以采光系数为指标。采光系数是室内某一点直接或间接接受天空漫射光所形成的照度与同一时间不受遮挡的该半球天空在室外水平面上产生的天空漫射光照度之比。这样,不管室外照度如何变化,室内某一点的采光系数是不变的。采光系数是无量纲量,用符号 C 表示。照度是衡量(工作)水平面上,单位面积接收到的光能多寡的指标。照度的单位是 lx,称作勒克斯。

《建筑采光设计标准》(GB 50033—2013)给出了不同作业场所工作面上的采光系数标准值。

表 9.1 各采光等级参考平面上的采光标准值

采光等级	侧面采光		顶部采光	
	采光系数标准值/%	室内天然光照度标准值/lx	采光系数标准值/%	室内天然光照度标准值/lx
I	5	750	5	750
II	4	600	3	450
III	3	450	2	300

采光等级	侧面采光		顶部采光	
	采光系数标准值/%	室内天然光照度标准值/lx	采光系数标准值/%	室内天然光照度标准值/lx
IV	2	300	1	150
I	1	150	0.5	75

注：①摘自《建筑采光设计标准》(GB 50033—2013)；

　　②工业建筑参考平面取距地面 1 m,民用建筑取距地面 0.75 m,公用场所取地面；

　　③表中所列采光系数标准值适用于我国Ⅲ类气候区,采光系数标准值是按室外设计照度值 15000 lx 制定的；

　　④采光标准的上限不宜高于上一采光等级的级差,采光系数值不宜高于 7%。

表 9.2　部分工业建筑的采光等级举例

采光等级	车间名称	侧面采光		顶部采光	
		采光系数标准值/%	室内天然光照度标准值/lx	采光系数标准值/%	室内天然光照度标准值/lx
I	特精密机电产品加工、装配、检验、工艺品雕刻、刺绣、绘画	5	750	5	750
II	精密机电产品加工、装配、检验、通信、网络、视听设备、电子元器件、电子零部件加工、抛光、复材加工、纺织品精纺、织造、印染、服装裁剪、缝纫及检验、精密理化实验室、计量室、测量室、主控制室、印刷品的拼版、印刷、药品制剂	4	600	3	450
III	机电产品加工、装配、检修、机库、一般控制室、木工、电镀、油漆、铸工、理化实验室、造纸、石化产品后处理、冶金产品冷轧、热轧、拉丝、粗炼	3	450	2	300
IV	焊接、钣金、冲压时切、锻工、热处理、食品、烟酒加工和包装、饮料、日用化工产品、炼铁、炼钢、金属冶炼、水泥加工与包装、配/变电所、橡胶加工、皮革加工、精细库房(及库房作业区)	2	300	1	150
V	发电厂主厂房、压缩机房、风机房、锅炉房、泵房、动力站房、(电石库、乙炔库、氧气瓶库、汽车库、大中件贮存库)一般库房、煤的加工、运输、选煤配料间、原料间、玻璃退火、熔制	1	150	0.5	75

注：摘自《建筑采光设计标准》(GB 50033—2013)。

厂房建筑的天然采光方式主要有侧面采光、顶部采光(天窗)、混合采光(侧窗+天窗)。

①侧面采光。侧面采光又分为单侧采光和双侧采光。单侧采光的有效进深约为侧窗口上沿至地面高度的 1.5~2.0 倍,那么单侧采光房间的进深一般以不超过窗高的 1.5~2.0 倍为宜,单侧窗光线衰减情况如图 9.24 所示。如果厂房的宽高比很大,超过了单侧采光所能解决的范围,就要用双侧采光或辅以人工照明。

在有吊车的厂房中,常将侧窗分上下两层布置,上层称为高侧窗,下层称为低侧窗。为不使吊车梁遮挡光线,高侧窗下沿距吊车梁顶面应有适当距离,一般取 600 mm 左右,如图 9.25 所示。低侧窗下沿(即窗台高)一般应略高于工作面的高度,工作面高度一般取 800 mm 左右。沿侧墙纵向工作面上的光线分布情况和窗及窗间墙分布有关,窗间墙以等于或小于窗宽为宜。如沿墙工作面上要求光线均匀,可减少窗间墙的宽度,或取消窗间墙做成带形窗。

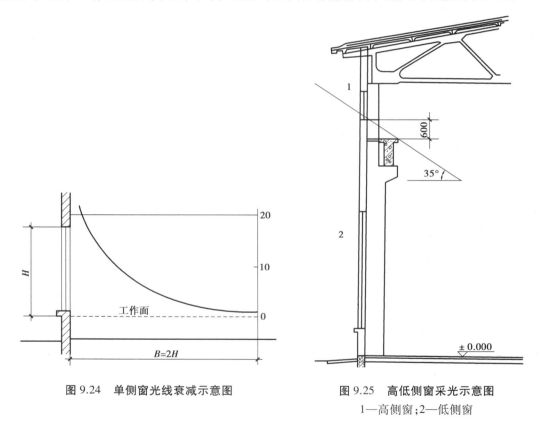

图 9.24 单侧窗光线衰减示意图　　　　图 9.25 高低侧窗采光示意图
　　　　　　　　　　　　　　　　　　　1—高侧窗;2—低侧窗

②顶部采光。顶部采光的形式包括矩形天窗(图 9.26)、锯齿形天窗(图 9.27)、平天窗等。

a.矩形天窗。矩形天窗的应用相对较为广泛,一般朝向南北方向,室内光线均匀,直射光较少,不易产生眩光。由于采光面是垂直的,也利于防水和通风,矩形天窗厂房剖面如图 9.28 所示。为了获得良好的采光效果,合适的天窗宽度为厂房跨度的 1/2~1/3,两天窗的边缘距离 L 应大于相邻天窗高度和的 1.5 倍,矩形天窗宽度与跨度的关系如图 9.29 所示。

b.锯齿形天窗。某些生产工艺对厂房有特殊要求,如纺织厂为了使纱线不易断头,厂房内要保持一定的温度和湿度;印染车间要求工作光线均匀、稳定,无直射光进入室内产生眩光

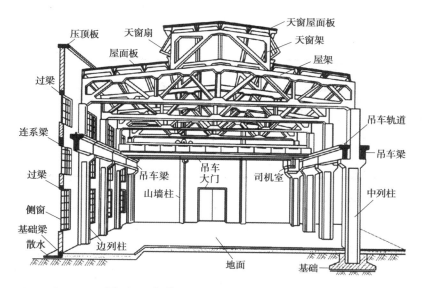

图 9.26　钢筋混凝土排架结构及矩形天窗

图 9.27　锯齿形天窗

图 9.28　矩形天窗厂房剖面

等。这一类厂房常采用窗口向北的锯齿形天窗,以充分利用天空的漫射光。锯齿形天窗的厂房剖面如图 9.30 所示。

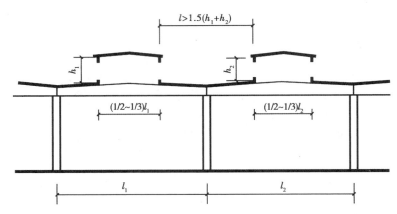

图 9.29　矩形天窗宽度与跨度的关系

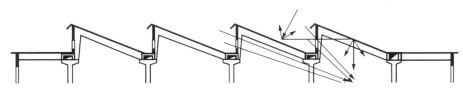

图 9.30　锯齿形天窗厂房剖面

　　锯齿形天窗厂房既能得到从天窗透入的光线,也能获得屋顶表面的反射光,可比矩形天窗节约窗户面积 30% 左右。由于其玻璃面积小而且朝北,在炎热地区对防止室内过热也有一定作用。

　　c.横向天窗。当厂房受用地条件的限制东西向布置时,为防止西晒,可采用横向天窗。这种天窗适合于跨度较大、厂房高度较高的车间和散热量不大、采光要求高的车间,见图 9.31。横向天窗有两种:一种是突出于屋面,一种是下沉于屋面,即所谓横向下沉式天窗。这种天窗具有造价较低,采光面大、效率高、光线均匀等优点;其缺点是窗扇形状不标准、构造复杂、厂房纵向刚度较差。

图 9.31　横向平天窗

图 9.32　平天窗

　　一般采光口面积的确定,是根据厂房的采光、通风、立面处理等综合要求,先大致确定开窗的形式、面积及位置,然后根据厂房的采光要求校验其是否符合采光标准值。采光计算的方法很多,最简单的方法是通过《建筑采光设计标准》(GB 50033—2013)给出的窗地面积比的方法进行计算。窗地面积比是指窗洞口面积与室内地面面积的比值,利用窗地面积比可以简单地估算出采光口的面积,见表 9.3。

表9.3　采光窗地面积比

采光等级	侧窗	矩形天窗	锯齿形天窗	平天窗
Ⅰ	1/2.5	1/3	1/4	1/6
Ⅱ	1/3	1/3.5	1/5	1/8
Ⅲ	1/4	1/4.5	1/7	1/10
Ⅳ	1/6	1/8	1/10	1/13
Ⅴ	1/10	1/11	1/15	1/23

（2）通风

厂房的通风一般分为机械通风和自然通风两种形式。

机械通风主要依靠通风机,通风稳定可靠但耗费电能较大,设备的投资及维护费用也较高,适用于通风要求较高的厂房。

自然通风是利用自然风来实现厂房内部的通风换气,既简单又经济,但易受外界气象条件影响,通风效果不够稳定,因此为通风条件要求不高的厂房所采用,再辅之以少部分的机械通风。

为了更好地组织自然通风,在设计时要注意选择厂房的剖面形式,合理布置车间的进、出风口位置,自然通风的设计原则如下:

①合理选择建筑朝向,应使厂房长轴垂直于当地夏季主导风向。从减少建筑物的太阳辐射和组织自然通风的综合角度来说,厂房布置在南北朝向是最合理的。

②合理布置建筑群。建筑群的平面布置有行列式(图9.33)、错列式、斜列式、周边式(图9.34)、自由式(图9.35)等,从自然通风的角度考虑,行列式和自由式均能争取到较好的朝向,自然通风效果良好。

图9.33　行列式布置

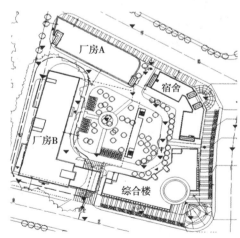

图9.34　周边式布置

③厂房开口与自然通风。为了获得舒适的通风,进风口开口的高度应低些,使气流能够作用到人身上,而高窗和天窗可以使顶部热空气更快散出。室内的平均气流速度只取决于较

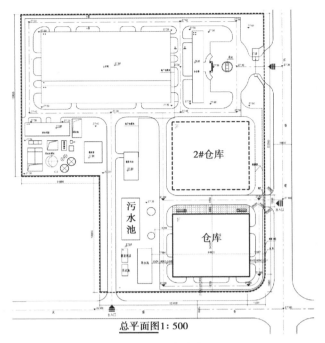

总平面图1:500

图 9.35　自由式布置

小的开口尺寸,通常取进出风口面积相等为宜。

④导风设计。中轴旋转窗扇、水平挑檐、挡风板、百叶板、外遮阳板及绿化均可以起到挡风、导风的作用,可以用来组织室内通风。

(3)排水

厂房屋顶的排水与民用建筑的设计相同,根据地区气候状况、工艺流程、厂房的剖面形式以及技术经济等综合设计排水方式。排水方式分为无组织排水和有组织排水两种。

无组织排水常用于降雨量小的地区,适合屋顶坡长较小、高度较低的厂房。

有组织排水又分为内排水和外排水。内排水主要用于大型厂房及严寒地区的厂房,如图9.36 所示为檐沟内排水;有组织外排水常用于降雨量大的地区,如图 9.37 所示为内天沟外排水,如图 9.38 所示为挑檐沟及内设雨水管排水。

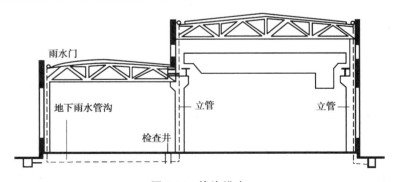

图 9.36　檐沟排水

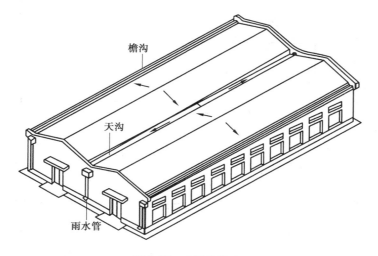

图 9.37 内天沟排水

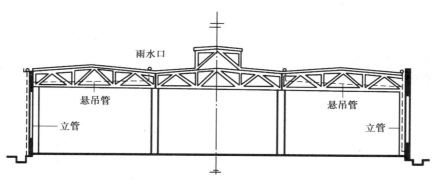

图 9.38 挑檐沟及内设雨水管排水

9.7.5 单层厂房的定位轴线

单层厂房的定位轴线是确定厂房建筑主要承重构件的平面位置及其标志尺寸的基准线，同时也是工业建筑施工放线和设备安装的最主要定位依据。厂房定位轴线的确定必须遵照我国《厂房建筑模数协调标准》(GB/T 50006—2010) 的有关规定。

一般情况下，将短轴方向的定位轴线称为横向定位轴线，相邻两条横向定位轴线之间的距离为厂房的柱距，厂房长轴方向的定位轴线称为纵向定位轴线，相邻两条纵向定位轴线间的距离为该跨的跨度，如图 9.39 所示。

1) 横向定位轴线

横向定位轴线主要用来标注厂房的纵向构件，如吊车梁、联系梁、基础梁、屋面板、墙板、纵向支撑等。确定横向定位轴线应主要考虑工艺的可行性、结构的合理性和构造的简单易操作。

（1）柱与横向定位轴线

除两端的边柱外，中间柱的截面中心线与横向定位轴线重合，而且屋架中心线也与横向定位轴线重合，中柱横向定位轴线如图 9.40 所示。纵向的结构构件，如屋面板、吊车梁、连系梁的标志长度，皆以横向定位轴线为界。

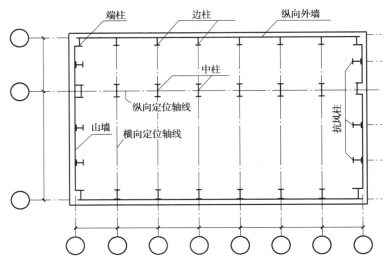

图 9.39　单层工业建筑定位轴线示意

　　在横向伸缩缝处一般采用双柱处理。为保证缝宽的要求,应设两条定位轴线,缝两侧柱截面中心均应自定位轴线向两侧内移 600 mm,横向伸缩缝的双柱处理见图 9.41。两条定位轴线之间的距离称为插入距,此处的插入距等于变形缝的宽度。

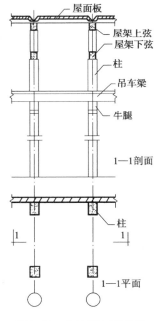

图 9.40　中柱横向定位轴

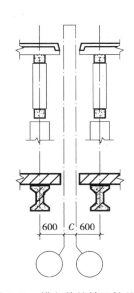

图 9.41　横向伸缩缝双柱处理

　　(2)山墙与横向定位轴线

　　①当山墙为非承重墙时,山墙内缘与横向定位轴线重合(图 9.42),端部柱截面中心线应自横向定位轴线内移 600 mm,这是因为山墙内侧设有抗风柱。抗风柱上柱应符合屋架上弦连接的构造需要(有些刚架结构厂房的山墙抗风柱直接与刚架下面连接,端柱不内移)。

　　②当山墙为承重山墙时,承重山墙内缘与横向定位轴线的距离应按砌体的块材类别,分

别取半块(或半块的倍数),或墙厚的 50%(如图 9.43 所示),以保证构件在墙体上有足够的支承长度,同时也兼顾到了各地有因地制宜灵活选择墙体材料的可能性。

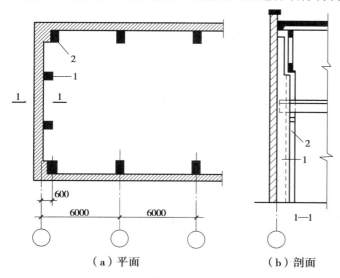 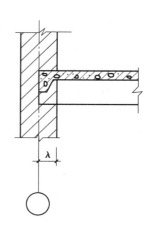

（a）平面	（b）剖面

图 9.42　非承重山墙横向定位轴线
1—抗风柱;2—端柱

图 9.43　承重山墙横向定位轴线
λ—墙体块材的半块长或半块的
倍数(长),或墙厚的 50%

2)纵向定位轴线

单层厂房的纵向定位轴线主要用来标注厂房的屋架或屋面梁等横向构件长度的标志尺寸。纵向定位轴线应使厂房结构和吊车的规格协调,保证吊车与柱之间留有足够的安全距离。纵向定位轴线的确定原则是结构合理、构件规格少、构造简单,在有吊车的情况下,还应保证吊车的运行及检修的安全需要。

(1)外墙、边柱的定位轴线

在支承式梁式或桥式吊车厂房设计中,由于屋架和吊车的设计制作都是标准化的,建筑设计应满足:

$$L = L_K + 2e$$

式中　L——屋架跨度,即纵向定位轴线之间的距离;

　　　L_K——吊车跨度,也就是吊车的轮距,可查吊车规格资料;

　　　e——纵向定位轴线至吊车轨道中心线的距离,一般为 750 mm,当吊车为重级工作制需要设安全走道板或吊车起重量大于 50 t 时,可采用 1000 mm。

如图 9.44(a)所示,可知:

$$e = h + K + B$$

式中　h——上柱截面高度;

　　　K——吊车端部外缘至上柱内缘的安全距离;

　　　B——轨道中心线至吊车端部外缘的距离,自吊车规格资料查出。

由于吊车起重量、柱距、跨度、有无安全走道板等因素的不同,边柱与纵向定位轴线的联系有封闭式结合和非封闭式结合两种情况。

①封闭式结合。在无吊车或只有悬挂式吊车,桥式吊车起重量小于等于(200/50)kN,柱距为 6 m 条件下的厂房,其定位轴线一般采用封闭式结合,如图 9.44(a)所示。

此时相应的参数为:B 小于等于 260 mm,h 一般为 400 mm,e 等于 750 mm,$K = e - (h + B)$ 大于等于 90 mm,满足大于等于 80 mm 的要求,封闭式结合的屋面板可全部采用标准板,不需设补充构件,具有构造简单、施工方便等优点。

②非封闭式结合。在柱距为 6 m、吊车起重量大于等于(300/50)kN,此时 $B = 300$ mm,如继续采用封闭式结合,已不能满足吊车运行所需安全间隙的要求。解决问题的办法是将边柱外缘自定位轴线向外移动一定距离,这个距离称为联系尺寸,用 D 表示,图 9.44(b)所示。为了减少构件类型,D 值一般取 300 mm 或 300 mm 的倍数。采用非封闭结合时,如按常规布置屋面板,只能铺至定位轴线处,会与外墙内缘出现非封闭的构造间隙,需要非标准的补充构件板。非封闭式结合构造复杂,施工也较为麻烦。

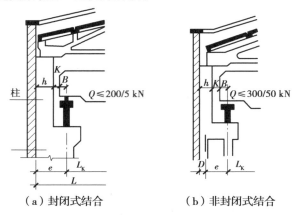

（a）封闭式结合　　　　　（b）非封闭式结合

图 9.44　外墙边柱与纵向定位轴线

（2）中柱与纵向定位轴线的关系

多跨厂房的中柱有等高跨和不等高跨两种情况。等高跨厂房中柱通常为单柱,其截面中心与纵向定位轴线重合。此时上柱截面一般取 600 mm,以满足屋架和屋面大梁的支承长度。

高低跨中柱与定位轴线的关系也有两种情况。

①设一条定位轴线。当高低跨处采用单柱时,如果高跨吊车起重量 Q 小于等于 200/50 kN,则高跨上柱外缘和封墙内缘与定位轴线相重合,单轴线封闭结合。

②设两条定位轴线。当高跨吊车起重量较大,如 Q 大于等于 300/50 kN 时,应采用两条定位轴线。高跨轴线与上柱外缘之间设联系尺寸 D。为简化屋面构造,低跨定位轴线应自上柱外缘、封墙内缘通过。此时,同一柱子的两条定位轴线分属高低跨,当高跨和低跨均为封闭结合,而两条定位轴线之间设有封墙时,则插入距等于墙厚,当高跨为非封闭结合,且高跨上柱外与低跨屋架端部之间设有封墙时,则两条定位轴线之间的插入距等于墙厚与联系尺寸之和,如图 9.45 所示。

（3）纵横跨交接处的定位轴线

在厂房的纵横跨相交时,常在相交处设变形缝,使纵横跨各自独立。纵横跨应有各自的柱列和定位轴线。设计时,常将纵跨和横跨的结构分开,并在两者之间设变形缝。纵横跨连接处设双柱、双定位轴线。两条定位轴线之间设插入距 a_i,纵横跨连接处的定位轴线如图9.46

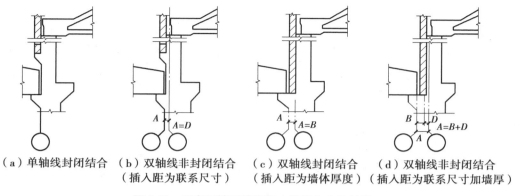

（a）单轴线封闭结合　（b）双轴线非封闭结合　（c）双轴线封闭结合　（d）双轴线非封闭结合
　　　　　　　　　（插入距为联系尺寸）　（插入距为墙体厚度）　（插入距为联系尺寸加墙厚）

图 9.45　无变形缝不等高跨中柱纵向定位轴线

所示。当封墙为砌体时，a_e 的值为变形缝的宽度；当墙为墙板时，a_e 值取变形缝的宽度或吊装墙板所需净空尺寸的较大者。

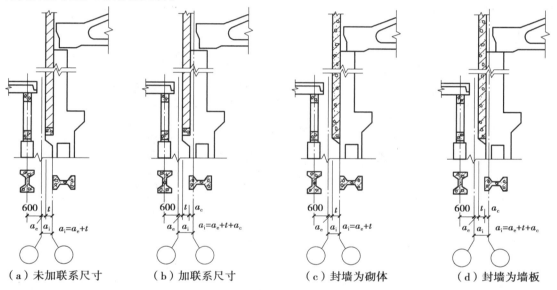

（a）未加联系尺寸　　　（b）加联系尺寸　　　　（c）封墙为砌体　　　　（d）封墙为墙板

图 9.46　纵横跨相交处柱与定位轴线的联系

a_i—插入距；a_c—联系尺寸；a_e—变形缝宽；t—封墙厚度

9.7.6　单层厂房的造型及内部空间设计

1）单层厂房的造型设计

　　单层厂房造型和内部空间处理的恰当与否会直接影响人们的使用和心理感受。如何通过不同的处理手法，设计出既简洁明快，又能体现工业建筑特色的建筑造型，是设计人员面临的一大挑战。厂房的造型及内部空间的设计应综合考虑生产工艺、结构形式、基地环境、气候条件、生态环保、经济等条件因素的制约。

　　厂房的立面设计应与厂房的体型组合综合考虑，而厂房的工艺特点对厂房的形体有很大的影响。例如，轧钢、造纸等工业由于其生产工艺流程是直线式的，厂房多采用单跨或单跨并列的形式，厂房的形体呈线形水平构图的特征，立面往往采用竖向划分以求变化。如图 9.47

所示,厂房体型为长方形或长方形多跨组合,造型平稳,内部空间宽敞,立面设计在统一完整中又有变化,设计灵活。

图 9.47　某电子厂厂房设计

　　结构形式及建筑材料对厂房造型也有直接的影响。同样的生产工艺,可以采用不同的结构方案,其结构传力和屋顶形式在很大程度上决定着厂房的体型,如排架、刚架、拱形、壳体、折板、悬索等结构的厂房,都有着形态各异的建筑造型。如图 9.48 所示为国外 NOVA 工厂厂房设计。

图 9.48　NOVA 工厂厂房设计

　　对厂房的形体组合和立面设计有一定影响的还包括环境和气候条件。例如在寒冷地区,由于防寒保温的要求,开窗面积一般较小,厂房的体型显得比较厚重;而在炎热地区,由于通风散热的要求,厂房的开窗面积较大,立面开敞,形体显得较为轻巧。

2) 单层厂房的内部空间设计

　　生产环境直接影响着生产者的身心健康,良好的室内环境对职工的生理和心理健康有良好的作用,对提高劳动生产效率十分重要。优良的室内环境除有良好的采光、通风外,还要室内布置井然有序,使人愉悦。

　　影响厂房室内空间设计的主要有以下一些因素:

　　①厂房的结构形式;

　　②生产设备的布置,如图 9.49 所示;

　　③管道组织;

　　④室内小品及绿化布置;

　　⑤宣传画及图表;

　　⑥室内的色彩处理。

图 9.49　布置井然有序的生产车间

9.8　多层工业建筑

多层厂房在机械、电子、电器、仪表、光学、轻工、纺织、仓储等轻工业行业中具有重要的作用。在信息时代,随着工业自动化程度的提高及计算机的高度普及,从节省用地的角度出发,多层工业厂房在整个工业建筑的比重越来越大。

1)多层厂房的特点

①生产在不同楼层进行,各层之间除了需要组织好水平联系外,还需要解决竖向层之间的生产关系。

②厂房的占地少,降低了基础的工程量,缩短了厂区道路、管线、围墙等的长度。

③屋顶面积较小,一般不需要开设天窗,因此屋顶构造相对简单,且有利于保温和隔热的处理。

④厂房结构一般为梁板柱承重,柱网尺寸较小,生产工艺的灵活性受到一定约束。同时,对较大的荷载、设备及其引起的震动的适应性较差,需要进行特殊的结构处理。

2)适用范围

①生产工艺上需要进行垂直运输的,如面粉厂、造纸厂、啤酒厂、乳制品厂以及化工厂的某些生产车间。

②生产上要求在不同标高上进行操作的,如化工厂的大型蒸馏塔、碳化塔等。

③生产过程中对于生产环境有一定要求的,如仪表厂、电子厂、医药及食品企业等。

④工艺上虽无特殊要求,但设备及产品质量较小的。

⑤工艺上无特殊要求,但建设用地紧张的新建或改扩建的厂房。

3)结构分类

多层厂房按照所用材料的不同分为混合结构、钢筋混凝土结构和钢结构。多层厂房的结构选型既要满足生产工艺的要求,还要考虑建造材料、当地的施工安装条件、构配件的生产能力以及场地的自然条件等。

①混合结构的取材及施工都比较方便,保温隔热性能较好,且经济适用,可满足楼板跨度在 4~6 m,层数在 4~5 层,层高为 5.4~6.0 m,楼面荷载较小且无振动的厂房要求。但当场地自然条件较差,有不均匀沉降时,应慎重选用。此外,地震多发区亦不宜选用。

②钢筋混凝土结构是我国目前采用最为广泛的一种形式,其剖面较小、强度大,能够适应层数较多、荷载较大、跨度较大的需要。除此之外,多层厂房还可采用门式刚架组成的框架结构等。

③钢结构具有质量轻、强度高、施工速度快(一般认为可提高速度 1 倍左右)等优点,目前的主要趋势是采用轻钢结构和高强度钢材,可比普通钢结构可节省钢材 15%~20%,造价降低 15%,减少用工 20% 左右。

9.8.1　多层厂房的平面设计

1)工艺流程的类型

生产工艺流程的布置是厂房平面设计的主要依据。按照生产工艺流向的不同,多层厂房的生产工艺流程的布置可归纳为自上而下式、自下而上式、上下往复式三种类型,如图 9.50 所示。

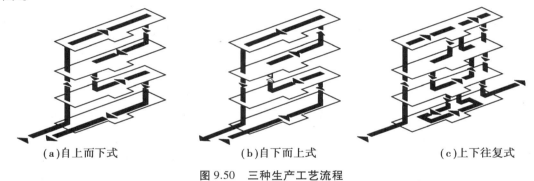

(a)自上而下式　　　　　　(b)自下而上式　　　　　　(c)上下往复式

图 9.50　三种生产工艺流程

(1)自上而下式

自上而下式的特点是把原料先送至最高层后,按照生产工艺流程自上而下地逐步进行加工,最后的成品由底层输出。自上而下式可利用原料的自重使其下降以减少垂直运输设备,一些进行粒状或粉状材料加工的工厂常采用,如面粉加工厂、电池干法密闭调粉楼。

(2)自下而上式

采用自下而上式,原料自底层按照生产按流程逐层向上输送并被加工,最后在顶层加工成为成品,适用于手表厂、照相机厂或一些精密仪表厂等轻工业厂房。

(3)上下往复式

上下往复式是一种混合布置的方式,它能适应不同的情况要求,应用范围较广,如印刷厂。

2)平面设计的原则

应根据生产工艺流程、工段的组合、交通运输、采光通风及生产上的各类要求,经过综合探讨后决定其平面布置。由于各工段间生产性质、环境要求不同,组合时应将具有共性的工段作水平和垂直的集中分区布置。

多层厂房的平面布置形式一般有内廊式、统间式、大宽度式、混合式、套间式几种。

（1）内廊式

特点是两侧布置生产车间和办公、服务房间，中间为走廊。这种布置形式适用于各个工段面积不大，生产上既需要紧密联系，又不互相干扰的工段。各工段可按照工艺流程布置在各自的房间内，再用内廊联系起来，如图9.51所示。

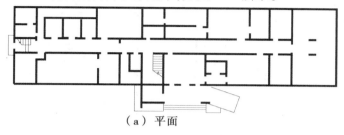
（a）平面

（b）内部走道

图9.51　内廊式多层厂房

（2）统间式

统间式中间只有承重柱，不设隔墙。这种布置形式对自动化流水线的操作较为有利，如图9.52所示。

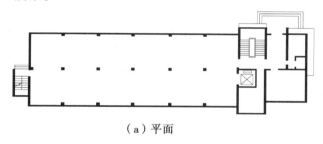
（a）平面

（b）厂房内部

图9.52　统间式多层厂房

（3）大宽度式

为了平面的布置更经济合理，可加大厂房宽度，形成大宽度式的平面形式。其垂直交通可根据生产需要，设置于中间或周边部位，如图9.53和图9.54所示。

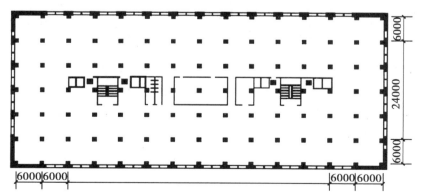

图9.53　垂直交通集中在中间

（4）混合式

混合式由内廊式与统间式混合布置而成,根据生产工艺的需要可采用同层混合或者分层混合的形式。它的优点是能够满足不同生产工艺流程的要求,灵活性较大。缺点是施工比较麻烦,结构类型较难统一,常易造成平面及剖面形式的复杂化,且对防震不利。

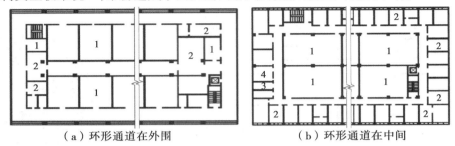

（a）环形通道在外围　　　　　（b）环形通道在中间

图9.54　垂直交通集中在周边

1—生产用房;2—办公、服务用房;3—管道井;4—仓库

（5）套间式

通过一个房间进入另一个房间的布置形式称为套间式,这是为了满足生产工艺的要求,或为了保证高精度生产的正常进行而采用的组合形式。

9.8.2　多层厂房柱网设计

多层厂房的柱网设计首先应满足生产工艺的需要,应符合《建筑模数统一协调标准》（GBT 50002—2013)和《厂房建筑模数协调标准》（GB/T 50006—2010)的要求,还应结合厂房的结构形式、建筑材料和施工难易程度,综合考虑其经济性。在工程实践中,多层厂房的柱网可概括为以下几种主要类型,如图9.55所示。

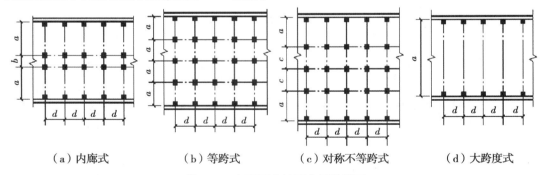

（a）内廊式　　　　（b）等跨式　　　　（c）对称不等跨式　　　　（d）大跨度式

图9.55　多层厂房柱网布置的类型

增加厂房的宽度会相应降低建筑的造价,这是由于宽度增大致使建筑面积增加,同时外墙和窗的面积却增加不多,这样会使单位面积的造价有所降低。但扩大厂房宽度易造成通风、采光的不利,有时甚至还会带来结构构造上的困难,因此设计应选择较为合适的柱距及跨度,如图9.56所示。

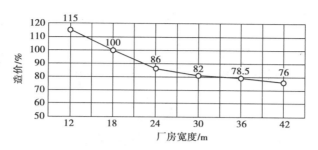

图 9.56　多层厂房的宽度对承重和维护结构造价的影响

9.8.3　多层厂房楼电梯间和生活、辅助用房的设计

多层厂房通常将楼电梯布置在一起,组成综合交通枢纽,又常将生活、辅助用房组合在一起,这样既方便使用,又利于节约建筑空间。常见的楼电梯间与出入口的关系处理有以下两种:

①人流和货流由同一出入口进出,楼电梯的相对位置可能有不同的布置方案,但不论组合方式如何,均要达到人、货流同门进出,直接通畅而互不相交,如图 9.57 所示。

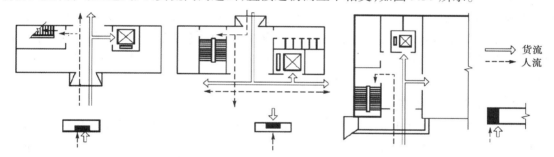

图 9.57　人流、货流同门布置

②人流、货流分不同的出入口进出,这种组合方式人、货流区分明细,互不干扰,特别适合对厂房洁净环境有要求的需要,图 9.58 所示。

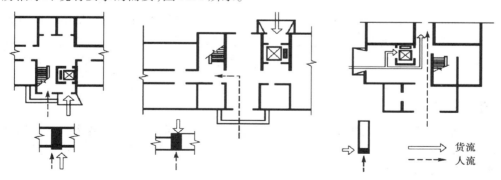

图 9.58　人流、货流分开布置

多层厂房的生活辅助用房分为三类:第一类为使用时间集中且人数较多的用房,如盥洗室、更衣室等;第二类是使用时间分散但使用人数较多的房间,如卫生间、吸烟室等;第三类是使用时间分散且使用人数不多的房间,如办公室、健身房等。在建筑空间的组合中,应尽量保

证第一类房间布置在厂房的出入口或交通枢纽处,分层或集中布置。

9.9　现代工业建筑发展趋势

随着社会发展和物质水平的提高,在满足工艺要求的基础上,工业建筑的设计更加重视以人为本的理念。目前,我国的工业建筑设计也在这样的发展大潮下越来越淡化了与民用建筑之间的界线,工业建筑有了更多的公共建筑的特性。

1)工业建筑向高强、轻质、巨大发展

高强是指材料强度高。随着技术的发展,建筑中已经出现强度越来越高的材料,如高强混凝土。轻质是指材料的质量小,在建筑中可减少建筑的自重。巨大是指厂房的空间巨大,如工业建筑中钢架结构和排架结构等能够提供大空间和大跨度,方便大型机械的进出和安装及拆卸。巨大的空间结构也能节约土地资源,它避免运输道路占用过多的土地,将节省出来的土地改用于种植树木、增加绿化带、美化环境。另外,利用材质较轻的骨架也可减少建筑自重,钢制的排架结构能承受较大的屋面荷载作用。在技术不断更新的时代,工业生产升级为自动化和机械化,运输工具也不断更新,工业厂房所承担的荷载也在不断降低,所以,轻质的钢架结构和排架结构越来越受到重视,逐步替代了笨重的钢筋混凝土结构。预制的就够构件能够快速地完成安装和拆卸,方便施工,加快了施工速度,使工期的要求也不再紧张,且因其安拆方便,有利于工业厂房的改建和扩建。

2)标准模块化发展趋势

模块化是现代建筑工业化常用的方式,即利用标准的柱网设计成标准单元模块。这是在工业化生产和机械化生产施工中应运而生的一种设计方式,对厂房的扩建有很好的适应性,还能减少装配构件的类型。

3)可持续发展

可持续发展是指加强对自然资源的利用,减少投资,并进行节能管理。由于工业建筑具有空间大、投资大、使用期限长的特点,所以对可持续发展有较高的要求,在其平面布置和局部装修设计等方面都要考虑。此外,工业建筑也要考虑与人及人的生活环境紧密结合,做到满足工业生产要求的同时也要符合现代人的生活方式,例如合理的通风设计可减少空调的消耗。

4)强调文化性

工业建筑虽与一般民用建筑有所区别,但它们都需要塑造一个与环境交融的形象和满足一定的需求。基于此,在设计时不但要与时俱进,还要因地制宜,创造出既新颖而又具文化底蕴的建筑,体现文化艺术气息。

参考文献

［1］唐海艳,李奇.房屋建筑学［M］.3 版.重庆:重庆大学出版社,2016.

［2］李延龄.建筑设计原理［M］.北京:中国建筑工业出版社,2011.

［3］张文忠.公共建筑设计原理［M］.4 版.北京:中国建筑工业出版社,2008.

［4］董莉莉,魏晓.建筑设计原理［M］.武汉:华中科技大学出版社,2017.

［5］邓智勇.建筑设计原理 16 讲［M］.北京:中国建筑工业出版社,2014.

［6］周波.建筑设计原理［M］.成都:四川大学出版社,2007.

［7］同济大学,等.房屋建筑学［M］.4 版.北京:中国建筑工业出版社,2006.

［8］金虹.房屋建筑学［M］.2 版.北京:科学出版社,2002.

［9］钱坤,吴歌.房屋建筑学(下:工业建筑)［M］.北京:北京大学出版社,2009.

［10］周于德.雅室设计与装饰［M］.北京:中国轻工业出版社,2005.

［11］轻型钢结构设计指南编辑委员会.轻型钢结构设计指南［M］.北京:中国建筑工业出版社,2005.

［12］李国胜.简明高层钢筋混凝土结构设计手册［M］.2 版.北京:中国建筑工业出版社,2003.

［13］薛迎红.关于建筑设计理念的一些思考［J］.中国科技信息,2013(08):160.

［14］罗健.现代建筑设计理念的创新［J］.科技创业家,2013(1):93.

［15］汤羽扬.崇楼飞阁　别一天台——四川省忠县石宝寨建筑特色谈［J］.古建园林技术,1996(02):3-10.

［16］张志荣.悬空寺:中国建筑史上的奇葩［J］.中华民居,2010(6):42-52.

［17］赵彩宇.浅论流水别墅的建筑本体与景观融合［J］.山西建筑,2010,36(26):16-17.

［18］董伟,郑先友.隈研吾的"负建筑"——回归建筑的功能性［J］.安徽建筑,2013,20(2):21-22.

［19］蔡思奇.建筑平面设计的形态构成分析［J］.城市建筑,2013(6):17.

［20］柯达峰.形态构成在现代建筑形体上的运用［J］.福建建筑,2007(3):14-17.

［21］蒋学志,胡颖荭.以构成思维为核心的建筑形态设计基础教学研究［J］.高等建筑教育,

2005（3）：34-36.

［22］杨尹.建筑设计中平面构成形式要素的应用［J］.美术大观，2012（2）：137.

［23］奚阔达，邹海鹏.论建筑风水与建筑设计［J］.黑龙江科技信息，2010（18）：248.

［24］张威.试论建筑风水文化与建筑设计［J］.科技创业家，2014（4）：44.

［25］田超然.论建筑的文化性在城市发展中的价值体现［J］.河南广播电视大学学报，2008
（1）：74-76.

［26］唐骅.建筑美的构成——建筑艺术语言及其运用［J］.美与时代（上），2011（10）：9-16.

［27］马晓，周学鹰.广州中山纪念堂之建造缘起及其规划建设意匠［J］.华中建筑，2013（10）：
89-92.

［28］俞泽民，林微.民用建筑结构选型及结构缝设置［J］.煤炭工程，2004（3）：22-25.

［29］李志鸢.建筑的经济性在建筑设计理念中的应用［J］.山西大同大学学报（自然科学版），
2008（2）：53-55+76.

［30］仝晖.从经济性角度探讨建筑设计的理念及原则［J］.新建筑，2002（2）：67-69.

［31］李庆焰.建筑设计原则中的经济性考虑［J］.科技资讯，2007（22）：170-171.

［32］聂颖，王连英.建筑设计经济性浅析［J］.科技风，2011（10）：155-155.

［33］吴珂.谈建筑设计过程中的经济性体现［J］.现代商业，2008（23）：273.

［34］卢济威.立意与构思——建筑设计创作体会［J］.建筑学报，1988（4）：56-60.

［35］朱洪禹.建筑创作中的时代性和地域性［J］.中华民居（下旬刊），2013（5）：31-32.

［36］汤雪飞.现代工业建筑发展趋势［J］.河南建材，2008：8-9.

［37］周铁军，袁渊，王雪松.工业建筑中的可持续性设计初探［J］.重庆建筑大学学报，2005
（1）：8-11.

［38］方洛彬.谈现代工业建筑的设计理念及发展趋势［J］.中国城市经济，2011（1）：294+296.

［39］查晓礼.工业建筑设计的几个特点［J］.山西建筑，2010，36（4）：33-35.

［40］高亚平.工业建筑设计创新的方法［J］.中华民居（下旬刊），2014（6）：29.

［41］秦雨.对当前工业建筑设计及发展趋势的探讨［J］.中华民居（下旬刊），2013（9）：78-79.

［42］白松旭.建筑的概念性和功能性的相互促进关系［D］.东北师范大学，2009.

［43］杨颖.符号·情感·形式——论建筑艺术之表现［D］.河北大学，2005.

［44］马慧敏.《建筑十书》比例思想研究［D］.武汉理工大学，2009.

［45］吕倩.初探建筑设计中的经济性理念［D］.东南大学，2005.

［46］唐中义.绿色建筑设计方案的综合评价研究［D］.长安大学，2014.

［47］周启琳.基于生命流程的绿色建筑技术发展体系研究［D］.重庆大学，2012.

［48］崔叶.基于建筑符号学的建筑地域学、文化性和时代性表达方法研究［D］.桂林理工大
学，2011.

［49］黄春华.当代工业建筑设计新趋势探讨［D］.天津大学建筑学院，2006.